歷史文化 × 採摘製作 × 產業發展 × 茶藝

烏龍茶

李遠華——著

大紅袍、文山包種、東方美人、木柵鐵觀音……
從栽種到品鑑，步入齒頰留香的烏龍茶世界

啜飲一口，喉韻長存

鹽茶明目消炎、糖茶和胃暖脾、薑茶溫肺止咳
蜜茶潤肺益腎、醋茶止痢散瘀、奶茶消脂健胃

目錄

目錄

目錄

前言

烏龍茶是六大茶類之一，是產量僅次於綠茶、紅茶的一種茶類，又是工藝最為複雜最為精細的一個茶類，它先採用紅茶流程，後採用綠茶流程，兼具綠茶、紅茶的品質優點，顯「岩韻」、「音韻」、「山韻」等，是一年四季都可以飲用且對人體健康非常有益的飲品。

雖然烏龍茶產區在發展，在有些地方也生產少量烏龍茶，但福建、廣東、臺灣仍然是烏龍茶的主產區，武夷山、安溪、潮州、臺灣是烏龍茶主產區的主產地，其中福建烏龍茶約占全中國的80%；大紅袍、鐵觀音、鳳凰單叢、凍頂烏龍是馳名海內外的烏龍茶品種。本書由賴春梅編輯約稿，我覺得寫成此書很有意義，對烏龍茶產業也是一種促進。我從事茶葉研究三十多年，烏龍茶主產地都去過，且一直在茶場、茶葉行政部門、大學圍繞茶產業轉，為了此書的品質，邀請了福建安溪、武夷山和廣東烏龍茶主產地從事茶行業二三十年的專業人士，及臺灣茶協會林志城會長一起參加，並和武夷學院茶與食品學院年輕茶學教師，以及北京、上海、重慶的相關人士一起組成寫作團隊。他們責任心強，認真查閱專業資料，拍攝相

前言

關圖片，撰寫稿子後又經過反覆推敲修改，以保障本書具有實踐性、專業性與權威性。本書有關烏龍茶的知識面較寬，內容豐富，圖文並茂，通俗易懂，適合想了解、熟悉和提升有關烏龍茶知識的大眾，是一本很好的烏龍茶讀物。

由於編寫時間短暫，錯誤在所難免，希望廣大讀者提出寶貴意見，再版時能加以改正。

李遠華於武夷山

導　論

一、烏龍茶生產

目前，全世界約有 60 個國家和地區生產茶葉。世界茶葉主產國有中國、印度、肯亞、斯里蘭卡，亞洲產量占世界總產量的 84.39%，非洲產量占世界總產量的 13.39%。

中國是全球最重要的茶葉大國，產銷量約占世界的 38%。中國茶葉有六大茶類，有綠茶、紅茶、烏龍茶、黃茶、白茶、黑茶。據中國農業部種植業管理司資料，2020 年茶園總面積4,747.69 萬畝（274萬公頃），茶葉總產量 298.6 萬噸，其中烏龍茶產量 27.78 萬噸，福建最高達 19 萬噸，廣東以 3.6 萬噸排名第二，此外湖北、湖南、四川、貴州、雲南、江西、廣西等省（區）也有少量生產。

烏龍茶又名青茶，起源於明末清初，屬於半發酵茶，是經過採摘、萎凋、搖青、炒青、揉撚、烘焙等流程後製出的品質優異的茶類。在中國的許多地方都有烏龍茶的種植與加工，但全球烏龍茶主產地是福建、廣東、臺灣，安溪鐵觀音、武夷岩茶、鳳凰單叢、臺灣烏龍茶是主要產品。

烏龍茶的生產與研究包括烏龍茶優質茶樹資源篩選利用、現代化生產加工、品質安全控制、深加工產品研發、茶文化與茶經濟等，特別是要構建茶區優良生態，做好烏龍茶品質安全監控，做好烏龍茶保健功能產品、烏龍茶新產品開發，做好烏龍茶現代加工機械、自動化生產線研製和工藝創新，做 好烏龍茶產業鏈延伸、烏龍茶消費與市場拓展，以解決烏龍茶

產業發展中品質與安全、標準化建設、品牌、行銷、效益、科技研發等方面存在的問題，促進烏龍茶產業的轉型升級，增強烏龍茶產業的經濟、社會效益，提升烏龍茶產業在不同茶類、不同飲品、國內外市場的綜合競爭力。

二、烏龍茶底蘊厚、品種多、品質優異

福建、廣東、臺灣三個烏龍茶主產區，茶文化底蘊深厚。福建武夷山在閩越古國就有了茶，「晚甘侯」是武夷茶最早的茶名，元朝在此設立了皇家焙茶局，明末清初開創的「萬里茶路」始於此，民國初年「茶界泰斗」張天福和「當代茶聖」吳覺農在武夷山創辦中國第一個專門的全國性茶葉研究所，這使武夷山成為當時中國茶葉研究中心。福建安溪在清朝接連發生了幾件震撼中外茶界的重大事件，如烏龍茶製作工藝的發明和定型、名茶鐵觀音的發現、茶樹無性繁殖育苗技術的發明、烏龍茶製作技術和鐵觀音茶苗傳入臺灣等。廣東潮州在明弘治年間出產於待詔山的烏嘴茶已成為貢品，當時稱為「待詔茶」。臺灣在 1770 年代，因臺北木柵山區丘陵地優異的自然環境適合茶樹生長，因此吸引了一批福建移民帶著烏龍茶品種到此開墾定居。

福建、廣東、臺灣烏龍茶茶樹品種最多、品質最優異，這得益於這一南方茶區獨特的地理優勢。福建茶樹品種資源和生物多樣性豐富，福建武夷山素有「茶樹品種王國」之稱，歷史記載這裡有一千多種茶樹。福建省迄今已育成、認定的優質品種有 27 個，其中，國家級品種 17 個（1985 年認定的鐵觀音、黃旦、梅占、毛蟹、大葉烏龍、本山、水仙，1994 年的八仙茶，2002 年審定的黃奇、黃觀音、茗科 1 號／金觀音、悅茗香，2010 年鑑定的丹桂、春蘭、瑞香、金牡丹、黃玫瑰、紫牡丹），省級品種 10 個（肉桂、白芽奇蘭、大

紅袍、九龍袍、紫玫瑰、佛手、朝陽、鳳圓春、杏仁茶和金萱)。廣東省育成黑葉水仙、鳳凰八仙單叢、烏葉單叢茶等國家級、省級良種 17 個。臺灣有臺茶 12 號（金萱)、臺茶 13 號（翠玉）等 11 個品種。烏龍茶成品茶種類劃分有很多是根據茶樹品種來命名的，這些透過茶葉科技人員選育的烏龍茶茶樹品種，經過搖青、焙火等特殊工藝加工製作成烏龍茶，品質優異，香氣、滋味都屬上乘，品具「岩韻」、「音韻」、「山韻」特點，堪稱茶葉中的精品，對人體健康很有益。著名「茶界泰斗」張天福一生喝烏龍茶，每天必須飲用烏龍茶，活到 108 歲高齡。

三、認知烏龍茶

中國是茶樹原產地，距今五六千年前就有野生茶樹。中國茶產業正迎來歷史上最繁榮昌盛的時代，作為中國茶產業的一個組成部分，烏龍茶的一片片樹葉，正在被茶農、茶商、茶文化人、茶科技工作者、茶政人員，打造成光彩奪目的產品，圍繞這些產品進行的建市場、打品牌、做文化活動，以及在中國各地舉辦的各種宣傳推廣活動，在中國和海外掀起一波波「烏龍茶熱」，提高了烏龍茶的知名度，使得國內外的消費者認識了烏龍茶，推動了中國茶產業的發展。

烏龍茶是一大茶類的總稱，但由於地域不同，品種繁多，山場和工藝複雜，產品的特徵和風格多樣化，品質各有特色，因此認知有一定的難度，本書擇重點進行分區分類解讀，分為福建閩南安溪鐵觀音、閩北武夷岩茶、廣東潮州鳳凰單叢、臺灣烏龍茶，並詳細敘述它們的歷史淵源、產地分布、栽培製作、沖泡品飲、選購儲藏、茶俗茶事、貿易傳播，希望使讀者對烏龍茶有比較全面的了解認識。

導論

第一篇

探源：烏龍茶之源

一、武夷茶之說

大王峰

玉女峰

武夷岩茶山

閩越古國，武夷山就有了茶。

武夷茶最早被人稱頌，可追溯到南朝時期（420—589 年），而最早的文字記載見於唐朝元和年間（806—820 年）孫樵寫的〈送茶與焦刑部書〉。孫樵在贈送武夷茶給達官顯貴的一封信劄中寫道：「晚甘侯十五人，遣侍齋閣。此徒皆乘雷而摘，拜水而和。蓋建陽丹山碧水之鄉，月澗雲龕之品，慎勿賤用之！」孫樵在這封信中，把出產在丹山碧水之鄉的茶，用擬人化的筆法，美稱為「晚甘侯」。「晚甘」，蘊含著甘香濃馥、美味無窮之意，「侯」乃尊稱。「丹山碧水」是南朝「夢筆生花」的大文人江淹對武夷山的讚語。從此，「晚甘侯」成為武夷茶最早的茶名。

元朝至元十六年（1279 年），浙江省平章高興路過武夷山，監製了「石乳」茶數斤進獻皇宮，深得皇帝賞識。至元十九年（1282 年），高興又命令崇安縣令親自監製貢茶，「歲貢二十斤，採摘戶凡八十」。大德五年（1301 年），高興的兒子高久住任邵武路總管之職，就近到武夷山督造貢茶。大德六年（1302 年），他在武夷山九曲溪之第四曲溪溪畔的平坦之處創設了皇家焙茶局，稱之為「御茶園」。御茶園的建築物巍峨、華麗，完全按照皇家的規格模式設計和構建。進了仁鳳門，迎面就是拜發殿（第一春殿），還有清神堂、思敬堂、焙芳堂、宴嘉亭、宜寂亭、浮光亭、碧雲橋，又有通仙井，覆以龍亭。

明末清初，茶禁放寬，朝廷許可百姓貿易，武夷茶出口量大增，在海路尚未暢通之前，陸路上出現了由山西商賈組成的茶幫，專赴武夷山採購茶葉運銷關外：越分水關，出九江，經山西……轉至庫倫（今烏蘭巴托），北行達恰克圖（城市名，意為買賣之城，曾是中國境內的中俄通商要埠），全程約 5,000 多公里，號稱「萬里茶路」，爾後再經西伯利亞通往歐洲腹地。

御茶園遺址

1938 年，「茶界泰斗」張天福在武夷山創建了「福建示範茶廠」。1942 年至 1945 年，「當代茶聖」吳覺農帶領蔣雲生、王澤農等一批著名茶人在武夷山「中央財政部貿易委員會茶葉研究所」開展研究工作。這使武夷山成為當時中國茶葉研究中心，使岩茶栽培加工與化學分析等技術得到了很大提高。後來姚月明等人對岩茶應用推廣與生產技術提高也做了重要工作。

21 世紀初期，李遠華、楊江帆、劉勤晉、陳榮冰等在武夷學院創立茶學學科，該學科先後獲批茶學中國特色科系、福建省重點學科（茶學），該學院先後被評為中國烏龍茶產業協同創新中心、福建省武夷茶資源創新利用重點實驗室、福建省高校茶葉工程研究中心、福建省茶學教學實驗示範中心等，借助學院平臺，先後舉辦了國際茶葉大會、教育部茶學學科會、「當代茶聖」吳覺農茶學思想研討會、海峽兩岸茶博會高峰論壇等活動，使得武夷山茶產業迎來了科學的春天，提升了武夷岩茶的形象和科技水準。

二、安溪產茶歷程

安溪茶在唐朝（618—907 年）就有，興於清朝（1616—1911 年），盛於當代。

唐末五代期間（907—960 年），安溪人開始開山種茶製茶。到了宋朝（960—1279 年），安溪茶得到進一步發展，一些寺廟或部分農家陸續種茶製茶，並能對茶葉品質作鑑別、評價和比較。清朝（1616—1911 年）是安溪茶葉發展較快的重要時期。當時，在安溪接連發生了幾件震撼中外茶界的重大事件，如烏龍茶製作工藝的發明和定型、名茶鐵觀音的發現、茶樹無性繁殖育苗技術的發明、烏龍茶製作技術和鐵觀音茶苗傳入臺灣等。

清嘉慶三年（1798 年），安溪西坪人王義程在臺灣把烏龍茶製作技術進一步改進、完善，創製出臺灣包種茶，並在臺北縣茶區大力宣導和傳授。清光緒八年（1882 年），安溪茶商王安定、張占魁在臺灣共同設立了「建成號」茶廠，專門從事茶葉

安溪茶園

的栽培和加工的研究。清光緒十一年（1885 年），安溪西坪人王水錦、魏靜二人相繼入臺，在臺北七星區南港大坑（今臺北市南港區）從事包種茶的製作研究工作，同時舉辦製造技術講習班，將研究的心得進行廣泛傳授。清光緒二十二年（1896 年），安溪萍州村人張迺妙將家鄉純正的鐵觀音茶苗引入臺灣，在木柵區樟湖山種植成功，該地區逐步發展成為臺灣正宗的鐵觀音產區。1916 年，張迺妙參加臺灣勸業共進會包種茶評比獲「金牌賞」，從此聲名鵲起，成為臺灣當局聘請的巡迴茶師。

1935 年，臺灣茶葉宣傳協會特別向張乃妙頒贈青銅花瓶，對其功在臺灣茶業進行表彰。

清代，安溪茶葉暢銷海內外。清初安溪茶農就遠涉東南亞開拓新的茶葉市場。早在清乾隆年間（1736—1795 年），西坪堯陽茶商王冬就到越南開設冬記茶行，並在越南 12 個省開設分店，配製「冬記」大紅鐵觀音。咸豐年間（1851—1862 年），新康里羅岩鄉（今虎邱鎮羅岩村）林巨集德製造金泰茶，在新加坡交榮泰號茶行經銷，後由其子林詩國、林書國經營。光緒年間（1875—1908 年），西坪堯陽茶農王量、王稱等兄弟 6 人從臺灣販運茶葉往印尼，在雅加達、泗水、井里汶等地開設珍春茶行。安溪茶葉還透過廈門、廣州等口岸銷往海外。阮旻錫在《安溪茶歌》中有「西洋番舶歲來買，王錢不論憑官牙」的敘述。清光緒三年（1877 年）英國從廈門口岸輸入的烏龍茶高達 4,500 噸，其中安溪烏龍茶占 40% ～ 60%。同治十三年至光緒元年（1874—1875 年），美國從廈門口岸輸入烏龍茶 3.47 噸。茶史稱 19 世紀為烏龍茶風靡歐美時期。此外，據記載，英商胡夏米在鴉片戰爭前曾對福建可資貿易的貨物進行調查，並採購了兩種安溪茶，據其記載，「安溪茶，廣州經常售價是十八兩或二十兩」，「合豐牌，一大箱安溪茶，廣州市價約十六兩」。另據英商的記載，1838—1939 年，英國商人在廣州採購的安溪茶為 10.6 萬磅，約合九萬多市斤。

據史料考證，鐵觀音樹種於清朝年間（約 1725—1736 年）在安溪縣西坪鎮被安溪人所發現。1920 年前後，安溪茶農推陳出新，試驗「長穗扦插繁殖法」獲得成功；1935 年，安溪人改「長穗扦插法」為「短穗扦插法」；1956 年，進行大面積短穗扦插。

1985 年，安溪縣茶葉科學研究所進行烏龍茶空調做青試驗研究，安溪茶葉科技人員和茶農一道，在烏龍茶傳統初製工藝的基礎上，透過不斷摸索、改革、創新，推出烏龍茶輕發酵初製工藝，其工藝流程：鮮葉→涼青→輕晒青→空調做青（輕搖青→長攤涼）→重炒青→冷包揉→低溫烘焙→毛茶。2001—2002 年，安溪茶葉專業技術人員深入感德、劍斗、金谷等鄉（鎮），推廣應用空調器製作夏暑茶。2005 年 9 月 11 日，福建省科技廳主持並召集茶葉專家，對省重點專案——安溪烏龍茶初製新工藝與配套設備研究進行考核。

三、潮州烏龍茶史

（一）潮州烏龍茶產生

明末清初，潮州出現了用做青法炒製的「黃茶」，稱為「鳳山茶」，這是潮州烏龍茶的始祖，距今已有三百多年。在「黃茶」之後，才有烏龍茶意義上的單叢茶和炒焙製法。

據《廣東通志稿》（1943年）〈物產〉篇記載：

茶有黃細茶、鳳凰茶、山茶之別。黃細茶，高二三尺……。鳳凰茶……樹高一二丈，大者盈尺，其葉大黃茶一、二倍。

追溯1690年《清會典》中有關潮州廣濟橋茶稅分「細茶」、「粗茶」的記述，可推斷黃茶製法在明末清初已流傳於饒平、豐順等縣區，並因地域、茶樹品種不同而分為「鳳山黃茶」、「黃細茶」兩種。

「鳳凰單叢」作為一種產品和商品，已知的早期紀錄在鴉片戰爭之前。

據陳椽《中國茶葉外銷史》記載：

在19世紀中期，廣州茶葉輸出……運銷歐洲、美洲、非洲及東南亞各地。如鶴山的「古勞銀針」，饒平的「鳳凰單叢」和「線烏龍」，河源的「煙熏河源」，都暢銷國際市場。

按這段記載的年限推算，單叢茶外銷距今約160年。事實上單叢茶和線烏龍，從創製到批量出口，實際的歷史要長得多。

單叢茶「傳統工藝」的形成是漸進式過程，其演化途徑可能是：早期炒茶→炒黃茶（早期鳳山茶）→炒焙黃茶（後期鳳山茶）→傳統熟香單叢茶→清香單叢茶。

（二）潮州烏龍茶發源地

潮州烏龍茶發源地鳳凰山，古稱翔鳳山。古人將鳳凰鳥的形象與堪輿學的「觀形察勢法」風水理論相結合，把酷似鳳鳥頭冠的主峰定名為鳳鳥髻。南朝陳人沈懷遠在撰著《南越志》時便把它記載為翔鳳山。

唐代堪輿學家（俗稱風水先生或地理師）在翔鳳山的南方，發現雙髻梁山形似凰鳥之頭冠，認為這片山地應稱為凰，鳳與凰雙雙展翅飛翔，因而，翔鳳山改稱為鳳凰山。唐代李吉

中坪村古厝

潮州收茶稅關卡廣濟橋

鳳鳥髻

潮州彩色嵌瓷厝角

烏崠頂天池全景

甫在《元和郡縣圖志》中記載：「鳳凰山在海陽縣（即今潮州市潮安區）北一百四十里。」宋紹聖四年（1097年）《新定九域志·古跡·卷九·潮州》載：「鳳凰山，《南越志》為翔鳳山。」再次證實鳳凰山的歷史名稱。所以說，由幾百座大大小小的山峰組成的鳳凰山自唐代得名，並沿用至今。鳳凰山峰巒此起彼伏，連綿不斷，1,000公尺以上的山峰就有五十多座。

現在，鳳烏髻山頂還有仙井、仙腳印；烏崠頂石壁上也有終年水不乾涸的仙井和仙腳印、太子洞等。郭于蕃在《鳳凰地論》中論斷：「嘗觀鳳凰一山，吾饒（鳳凰鎮自古至1958年屬饒平縣管轄）之名勝也。」

（三）潮州烏龍茶發展過程

潮州烏龍茶經歷了從野生型到栽培型，從紅茵品種分化為烏嘴（鳳凰水仙）和優選烏嘴變種（鳳凰單叢）的過程。從原來種植在厝前屋後發展到開山成片種植而逐步發展起來。到明弘治年間，出產於待詔山的烏嘴茶已成為貢品，當時稱為「待詔茶」。據《潮州府志》（郭春震本）載：「明嘉靖年間向朝廷進貢葉茶150.3斤，芽茶108.3斤。」

清康熙元年（1662年），饒平總兵官吳六奇派兵士和僱用民工在烏崠山腰開墾茶園，種植「十里香」單叢品種。後來，採製的茶葉不但供給太平寺和縣衙的人飲用，而且在縣城、新豐、內浮山市場進行銷售。

清康熙四十四年（1705年），饒平縣令郭于蕃巡視鳳凰山，鼓勵山民要大力發展茶葉生產。清光緒年間，鳳凰山民帶著烏龍茶和烏嘴茶渡洋過海，到中印半島、南洋群島開設茶店，銷售茶葉。

民國四年（1915年），開設在東埔寨的鳳凰春茂茶行選送的兩市斤鳳凰水仙茶在巴拿馬萬國商品博覽會上榮獲銀獎。至1930年，金邊市已有潮州鳳凰人開設的茶鋪十多間，在越南有十多間，在泰國也有十多間。

民國十二年（1923 年），因二十多家茶商大量收購、裝運茶葉出洋，茶價猛漲。當時，一個光洋只能買到一市斤水仙茶，而一斤單叢茶可值 5 ～ 6 個光洋。據記載，1930 年全鳳凰山茶葉產量達到 3,000 擔，由茶商裝運出口的有六千多件（即等於 2,400 擔），其餘的則由小商販運銷潮汕各地和興梅地區。

1979 年開始，鳳凰山地處高、中山的 10 個大隊，50 個村，將稻田逐年改種茶樹，同時，在精細管理、採製茶葉中，從水仙品種中篩選出十大香型的茶樹株系（即鳳凰單叢系列），包括黃枝香、芝蘭香、蜜蘭香、桂花香、玉蘭香、柚花香、杏仁香、肉桂香、夜來香、薑花香等。

1988 年盒裝色種

1980 年代出口的招福牌鳳凰單叢茶

四、臺灣烏龍茶始末

（一）臺灣烏龍茶起源於福建

早在 17 世紀的荷蘭殖民統治時期，便有關於臺灣野生茶樹的紀錄，但號稱「臺灣茶葉的始祖」——烏龍茶卻是源於福建。只是福建烏龍茶製作工藝傳到臺灣後，經過兩百多年的演變和發展，再加上臺灣特有的土壤、氣候等自然條件培育出的烏龍茶茶葉原料，使得市場上流通的臺灣烏龍茶具有自己的風格與特徵。根據發酵程度和工藝流程的區別，可將臺灣烏龍茶主要分為輕發酵的包種茶和重發酵的臺灣烏龍兩類。

（二）臺灣茶葉的製作始於清

據 1645 年古荷蘭文撰寫的《巴達維亞城日記》，當時的台灣並無茶樹栽培，當地消費的茶葉運自福建。直到 1661 年，鄭成功驅逐荷蘭人收復台灣後，建立台灣漢人主體社會，二十餘年後，隨著鄭氏家族統治的結束，於康熙二十二年（1683 年），清廷在臺灣設縣、府、巡道，中國沿海的居民以各種方式紛紛移居臺灣。在 1770 年代，臺灣臺北木柵山區的丘陵地，因其優異的自然環境適合茶樹生長，因此吸引一批福建人帶著烏龍茶樹種到此開墾定居。

阿里山茶園

嘉慶年間（1796—1820 年），福建商人柯朝氏將閩茶種引入臺灣，種植於魚坑（今瑞芳區），大部分人認為此為臺灣北部植茶之始。自此人們沿淡水河上游及其支流大漢溪、新店溪、基隆河三溪的丘陵地帶廣種茶樹，而農民多以製茶為副業。另外，相傳凍頂烏龍茶起源於咸豐五年（1855 年），舉人林鳳池自臺灣到福建參加科舉考試後，回南投縣鹿谷鄉探親時帶回了一些武夷山茶苗，並將它們種植在氣候溫和的凍頂山，接著當地人按照林鳳池介紹的方法，採摘芽葉，加工成烏龍茶。

（三）臺灣開始經營製造包種茶

鴉片戰爭後，臺北淡水開港，吸引了許多外國洋行到臺北大稻埕設立茶廠精製烏龍茶。1869 年，英國商人約翰陶德將當時臺灣生產的烏龍茶取名為「福爾摩沙茶」，又稱「臺灣烏龍」，外銷至歐美。1870 年代，臺灣烏龍茶蓬勃發展，但 1880 年代初因臺灣烏龍茶滯銷，茶商將茶葉運往對岸福州改製出售。1881 年，福建同安的吳福源先生帶著包種茶的加工技術，在臺北開設「源隆號」茶行，經營製造包種茶，遂開臺灣包種茶製造之先河。

（四）臺灣開始使用機械製造茶葉

19 世紀末 20 世紀初，一方面臺灣原有的臺灣烏龍和包種茶種植面積擴大、產量提高，另一方面又引進印度等地茶樹栽培，使得臺灣茶業界不再是烏龍茶一枝獨秀了。臺灣茶葉市場雖然經歷了紅茶的走紅，以及綠茶隨後的抬頭，但歷經百年，臺灣烏龍茶依舊穩占臺灣茶葉外銷首位。1903 年，臺灣總督府於現今的桃園楊梅埔心一帶設立了「製茶試驗場」（今農委會茶業改良場的前身），開始臺灣茶葉的機械製造。

（五）張迺妙茶師將鐵觀音引入臺灣

據臺灣著名茶人吳振鐸《中國茶道》裡的記載，擁有百年歷史的臺灣鐵觀音，是由安溪大坪鄉萍州村人張迺妙自安溪引進。1916 年，張迺妙受當時政府的委派，以「政府茶師」身分到福建安溪正式購買千株鐵觀音茶苗，種植於臺北樟湖山（即今指南山）。之所以委派茶師張迺妙，與他回安溪老家探親之行有關。張迺妙第一次將家鄉純正的鐵觀音茶苗引進臺灣，大體時間為 1896 年。陳文懷在《港臺茶事》中寫道：「張氏回福建安溪老家探親，嘗到了『一啜三日誇』的鐵觀音茶，十分讚賞，遂向親友索求 12 株鐵觀音純正茶苗，攜回臺灣的居住地臺北木柵，在屋後石崖縫間的土臺上種植。」由於這一帶的自然生長環境，無論是土質條件，還是氣候情況，均與安溪原產地相近，所以引種成功，繁殖擴展快。茶師張迺妙一生醉心於茶的種植、製作和研發，其製作的包種茶風味口感佳，曾榮獲臺灣勸業共進會特等「金牌賞」。

（六）成立臺灣省茶業改良場

1960 年代，臺灣茶業界相對以往更加注重茶葉新品種的改良和茶葉生產技術的提升，1964 年至 1967 年間，政府部門幫助臺灣茶農更新茶園機械，提高採摘技術。為精簡機構，1968 年臺灣省政府合併茶葉育種、栽培、生產研發部門，成立臺灣農委會各地區茶業改良場。臺灣茶業在吳振鐸等人的先後努力下取得了發展。

（七）臺灣茶由外銷為主轉變為內外銷並重

1974 年，因世界爆發能源危機，且因臺幣升值，勞動力缺乏，薪資高漲等，使得含烏龍茶在內的臺茶逐漸失去外銷競爭優勢。

為突破瓶頸，臺灣六龜地區開始廣推栽種和製作金萱與烏龍茶種。現

茶園步道

遊客茶園觀光

今，伴隨著臺灣經濟的起飛，人們對生活與 飲食有了新的追求，以外銷為導向的臺灣茶業發生了變化，臺灣茶大部分由當地人消耗掉，特別是 1990 年以後，臺灣每年要靠大量的進口茶葉來滿足島內茶客的需求。

臺灣茶人范增平根據茶葉知名度、消費市場和部分專家學者的意見，於 1992 年擬定了臺灣十大名茶，分別指鹿谷凍頂茶、文山包種茶、東方美人茶、木柵鐵觀音、松柏長青茶、阿里山珠露茶、臺灣高山茶、桃園龍泉茶、三峽龍井茶和日月潭紅茶。2007 年，為展現臺灣不同茶區的特色，臺灣農委會辦理了「十大經典名茶選拔」。市面上也存在各式各樣不盡相同的「臺灣十大名茶榜」，榜上有名的茶葉中，雖包含綠茶、紅茶，但多數都還是屬於臺灣烏龍茶。

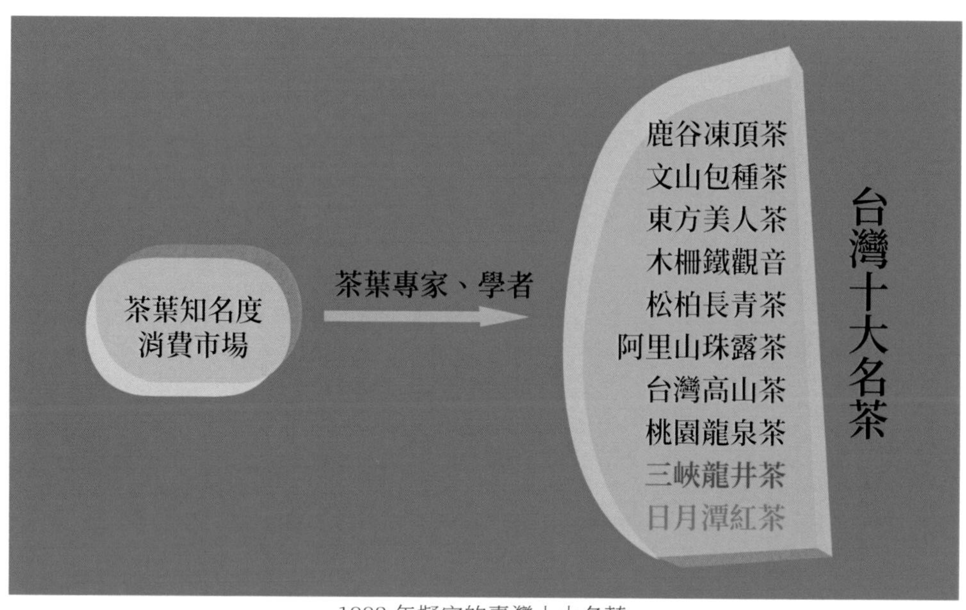

1992 年擬定的臺灣十大名茶

第二篇

訪地：烏龍茶之地

一、烏龍茶產區分布

烏龍茶產區主要分布在福建、廣東、臺灣，其中福建產量約占中國的80%。福建有以安溪鐵觀音為代表的閩南烏龍茶、以武夷山大紅袍為代表的閩北烏龍茶，此外還有平和白芽奇蘭、永春佛手、建甌矮腳烏龍、漳平水仙等；廣東烏龍茶主要產在潮州一帶，有鳳凰水仙、嶺頭單叢、饒平色種、大葉奇蘭等；臺灣有文山包種茶、凍頂烏龍、白毫烏龍茶（東方美人）等。

（一）安溪

安溪傳統上以湖頭盆地西緣的五閬山至龍門的跌死虎嶺西緣為界，分成內外安溪 2 個茶區：

內安溪茶區。屬中山低山茶區，中亞熱帶氣候。其範圍有虎邱、大坪、西坪、龍涓、蘆田、長坑、藍田、祥華、感德、桃舟、劍斗、福前、豐田、良種場、竹園林場、半林林場等 16 個鄉、鎮、場。

外安溪茶區。屬低山丘陵茶區，南亞熱帶氣候。其範圍有鳳城、城廂、參內、魁斗、蓬萊、金谷、湖頭、湖上、尚卿、官橋、龍門、同美農場、湖頭茶場、白瀨林場等 14 個鄉、鎮、場。

1983 年，以茶樹生態條件、產茶歷史、茶樹類型、品種分布為依據，將安溪劃分為三個茶區：中山茶區，位於安溪縣西北部邊緣地帶，屬茶樹生態適宜區。低山茶區，位於安溪的東南部，屬茶樹生長最適宜區，也是全縣的古老茶區。丘陵茶區，位於安溪縣的東北部，屬茶樹生態適宜區。

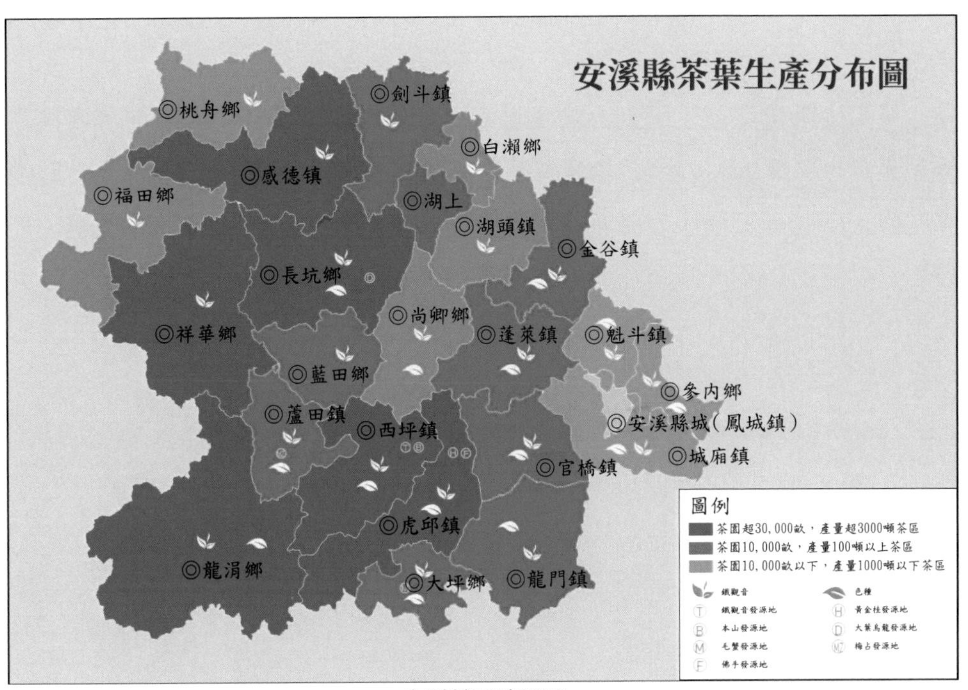

安溪茶區地理圖

安溪茶園

（二）武夷山

武夷山茶按產區不同劃分為正岩茶、半岩茶和洲茶。正岩茶產於海拔高的慧苑坑、牛欄坑、大坑口和流香澗、悟源澗等地，稱「三坑兩澗」，品質香高味醇。半岩茶又稱小岩茶，產於三大坑以下海拔低的青獅岩、碧石岩、馬頭岩、獅子口以及九曲溪一帶，品質略遜於正岩。而崇溪、黃柏溪，靠武夷岩兩岸在砂土茶園中所產的茶葉，為洲茶。

2002 年，武夷岩茶被列為中國地理標誌保護產品。

《武夷岩茶》標準（GB/T18745-2002）將武夷岩茶產區劃分為名岩區和丹岩區。武夷岩茶名岩產區為武夷山市風景區範圍，區內面積 70 平方公里，即東至崇陽溪，南至南星公路，西至高星公路，北至黃柏溪的景區範圍。丹岩產區為武夷岩茶原產地域範圍內除名岩產區以外的其他地區。

2006 年，新版《武夷岩茶》標準（GB/T18745-2006）將武夷岩茶地理標誌產品的保護範圍限於武夷山市所轄行政區域範圍，不再劃分產區。

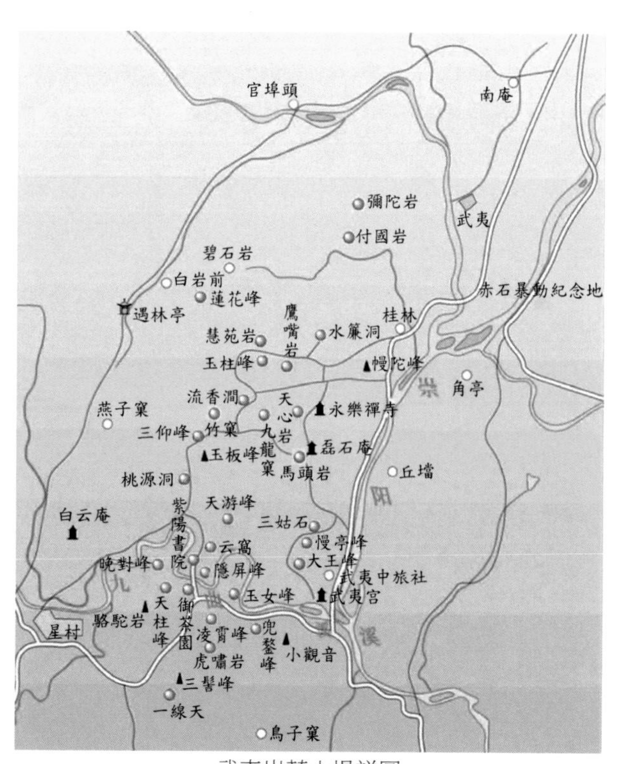

武夷岩茶山場詳圖

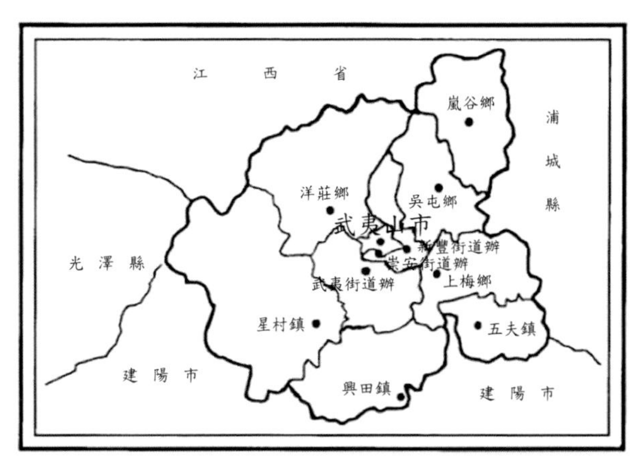

武夷岩茶地理標誌產品保護範圍

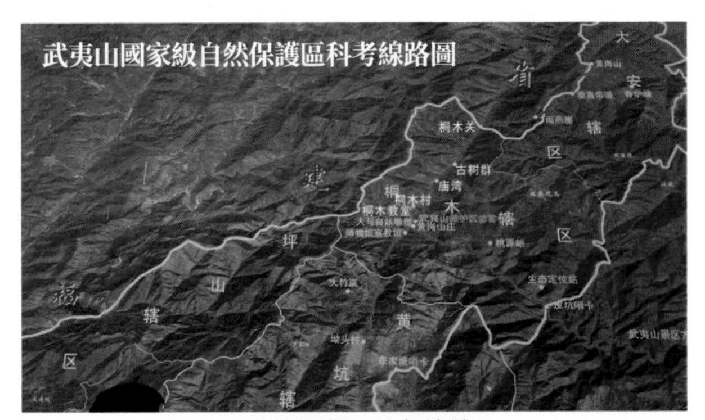

桐木保護區科考線路

正岩商標石

(三) 潮州

潮州地勢北高南低，山地、丘陵占全市面積的 65%，主要分布在潮安縣北部和饒平縣，鳳凰山脈係戴雲山脈向西南延伸的斜脈，它的主峰鳳鳥髻海拔高度 1,497.8 公尺，是粵東地區的最高山峰。

粵東地貌

鳳凰單叢茶三大茶區地貌

鳳凰茶區地貌

中高山茶區劃分

烏崠山古茶園

坪溪山地茶區

潮州烏龍茶的主產地是潮安縣鳳凰鎮、饒平縣浮濱鎮。鳳凰鎮位於潮安縣北部山區，2004 年原大山鎮合併組建新的鳳凰鎮，鎮域面積平方公里，其中山地面積 17,342 公頃，耕地面積 823 公頃。浮濱鎮位於饒平縣中部山區，2004 年原坪溪鎮合併，組建成新的浮濱鎮，2019 年總人口 26,982 人，其中農業人口 24,593 人，土地面積 12,356 公頃，其中山地面積 11,543 公頃，耕地面積 813 公頃。

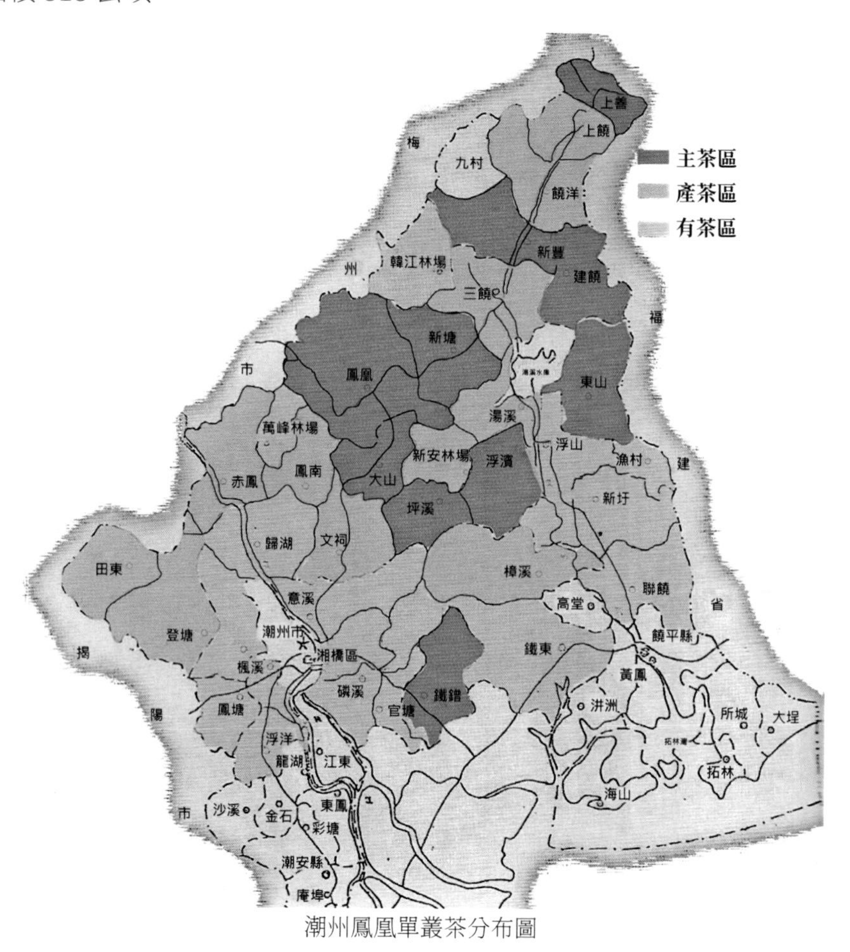

潮州鳳凰單叢茶分布圖

(四) 臺灣

臺灣全島按照地理位置可以將茶區劃分為四大塊：

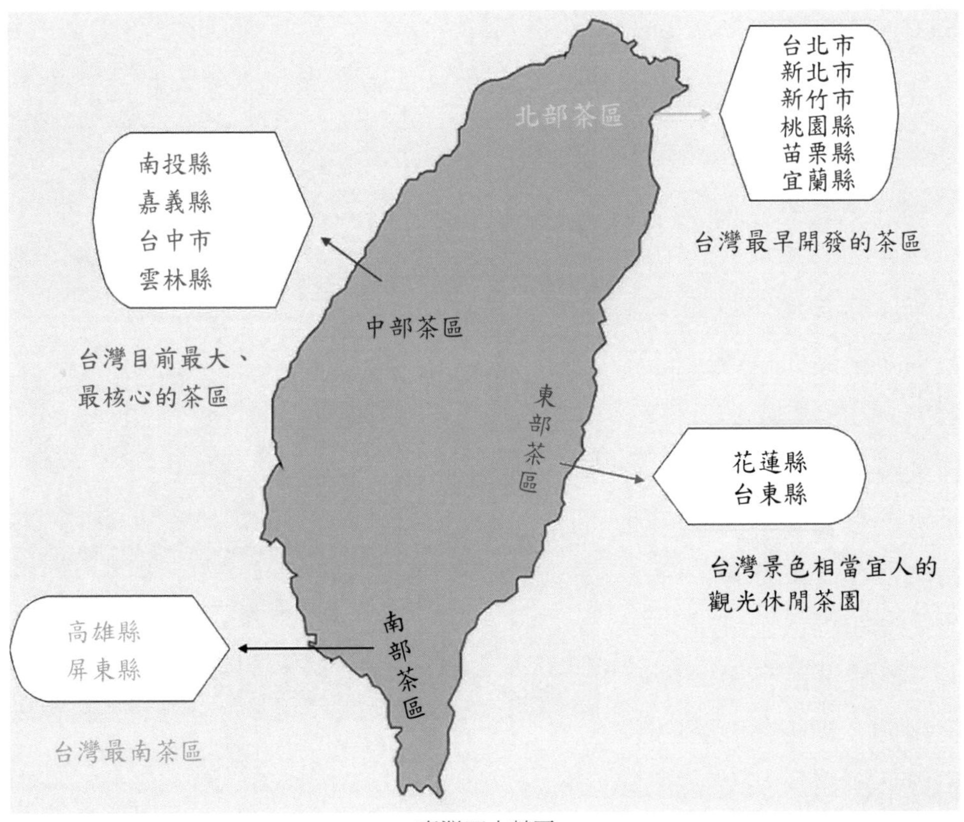

臺灣四大茶區

臺灣北部茶區：包括臺北市、新北市、新竹市、桃園市、苗栗縣和宜蘭縣等地的茶區，是臺灣最早開發的茶區，在臺灣茶業占有重要的地位。臺北茶區是臺灣產製包種茶、鐵觀音的發源地。其中新竹茶區在臺灣外銷茶興盛時期是茶園面積最大的茶區，面積超過 10,000 公頃，隨著外銷茶的沒落，茶園面積在逐漸減縮，但當地盛產的東方美人茶依舊受到海內外人士的歡迎。

阿里山高山茶園

臺灣中部茶區：包括南投縣、嘉義縣、臺中市和雲林縣內的茶區，是臺灣目前最大、最核心的茶區。阿里山茶區位於該茶區的嘉義縣。中部茶區的主角是南投縣，南投縣茶園面積約占整個中部茶區的三分之二。茶產量居全臺之首、以高山茶為主場的南投縣，其茶園面積約為全臺茶園的一半，縣內 13 個鄉鎮幾乎都生產茶，但產茶的七大主要鄉鎮為名間鄉、魚池鄉、水里鄉、信義鄉、仁愛鄉、鹿谷鄉與竹山鎮。

臺灣南部茶區：包括高雄縣和屏東縣內的茶區，雖然此茶區的茶園面積不多，相加也只有 200 公頃左右，但其所產茶葉卻因風味特殊深受一些民眾的喜愛。1980 年代，因為臺灣內銷茶的興起，部分南投茶區的茶農選擇到南部地區開發新茶園，生產出帶苦澀味後轉為甘甜的茶葉。屏東滿洲茶區稱得上臺灣最南茶區，其園內茶樹各株之樹勢、萌芽期、芽色、葉形、色澤等均不一致，與其他茶區有明顯區別，滋味濃稠，故有其特殊性，苦中帶甘，正好符合愛嚼檳榔的重口味的消費族群偏好。

南投縣鹿谷鄉大崙山高山茶園

臺灣東部茶區：包括花蓮縣和臺東縣內的茶區，又稱花東茶區。花蓮的天鶴茶園，風景秀麗，和臺東的鹿野茶園一樣都是臺灣觀光休閒茶園。花東茶區的烏龍茶品質不如高山茶受推崇，但花東茶區另闢蹊徑，開發花東蜜茶，也闖出了自己的一片天地。

鳥瞰北部茶區貓空茶園

中部茶區福壽山茶園

南部茶區恆春茶園

東部茶區鹿野茶園

二、烏龍茶產區主要特點

(一) 安溪

安溪是中國最大的產茶縣，2020年茶園總面積60萬畝，茶葉總產量6.2萬噸，涉茶產業總產值191億人民幣，比較著名的茶葉企業有八馬、鐵觀音集團、魏蔭、中閩魏氏、山國飲藝、華祥苑、日春、三和等。全縣主要種植鐵觀音、黃金桂、毛蟹、本山、大葉烏龍和梅占等六個國家級茶樹良種，其中，鐵觀音種植面積占50%以上，是最主要的種植品種。1995年3月，安溪被中國農業部授予「中國烏龍茶（名茶）之鄉」的稱號；2000年9月，被中國特產之鄉推薦暨宣傳活動組委會評為「中國鐵觀音發源地」；2001年，被中國農業部確定為「中國園藝產品（茶葉）出口示範區」和「中國首批無公害茶葉生產示範縣」；中國茶都——安溪中國茶葉批發市場被確定為「農業部定點市場」和「中國茶葉流通協會重點茶市」;2002年，被確定為「中國首批南亞熱帶作物（烏龍茶）名優基地」；2003年，被評為「中國無公害農產品（茶葉）生產基地縣先進單位」；2005年，榮獲「中國三綠工程茶業示範縣」稱號；2005年「安溪鐵觀音」成為中國第一個涉茶馳名商標，其商標持有者安溪鐵觀音集團作為中國的唯一代表參加在義大利舉行的全球地理標誌保護研討會；2008年，「安溪鐵觀音」傳統製作工藝入選國家非物質文化遺產保護名錄，並由中國文化部推薦申報聯合國非物質文化遺產，同時榮獲「福建改革開放三十年最具影響力、最具貢獻力品牌」和「2008年度影響世界的中國力量品牌500強」的榮譽；2009年，安溪鐵觀音入選「中國世博十大名茶」第一位；2011年，安溪鐵觀音

入選中國著名農產品區域公用品牌全部第二名，茶類第一名；2009年、2010年、2011年安溪連續三年被中國茶葉流通協會評為中國重點產茶縣首位；2011年安溪通過「國家級出口食品農產品品質安全示範區」驗收、入選「首批國家級有機產品認證示範縣」、獲評「中國茶葉科技創新示範縣」。

內安溪茶區海拔500～800公尺，年平均氣溫16℃～18℃，年降雨量1,800毫米左右。春末夏初，雨熱同步；秋冬兩季，光溫互補，十分適宜茶樹生長。此區域在唐末就有茶樹栽種，為全縣老茶區，茶葉量多質優。茶區內不同地域，氣候存在差異，故西坪有「南山春湖內夏」之說，即西坪上堯村湖內的夏茶可與西坪堯山村的春茶相媲美。1980年該區茶園面積達4,278.80公頃，占全縣茶園面積7,287.53公頃的58.71%；茶葉產量1,585.45噸，占全縣茶葉產量2,107.4噸的75.23%。

外安溪茶區海拔250～500公尺，年平均氣溫18℃～21℃，年降雨量1,600毫米左右。該區域明代有部分鄉村產茶，中華人民共和國成立後種茶技術逐步普及，此區域也隨之成為安溪縣內新茶區。1980年該區茶園面積3,008.73公頃，占全縣茶園面積的41.29%；茶葉產量522噸，占全縣茶葉產量的24.77%。

1. 西坪鎮

西坪鎮是世界名茶鐵觀音的發源地。

歷年來，西坪鎮採取了種種有效措施，促進鐵觀音茶葉生產可持續發展：啟動千人技術培訓工程，舉辦以茶葉栽培、管理、加工、銷售和農藥殘留控制、品質安全、生態茶園等為內容的培訓班，提高茶農種茶、管茶、製茶和售茶的水準；不斷加大綠色食品茶葉基地和有機茶基地建設力度，提高茶葉品質和打造茶葉品牌。八馬、南堯、超凡、日春4家茶業

西坪堯陽

有限公司獲國家綠色食品茶葉使用證書；大寶峰茶葉有限公司等 3 家茶園基地獲得有機茶認證證書。全鎮有 10 家茶葉企業獲綠色食品茶葉和有機茶 2 項認證，居福建省產茶鄉（鎮）首位。「八馬」牌、「日春」牌被評為中國馳名商標，並入選 2006 年中國十大茶事。八馬茶業有限公司進入中國茶葉排行榜 10 強，是福建省唯一進入 10 強的茶葉企業。2013 年全鎮茶園面積 2,688.33 公頃，茶葉產量 4,716 噸，居全縣首位。

2. 長坑鄉

長坑鄉是中國名茶大葉烏龍的故鄉。長坑鄉鄉政府圍繞茶葉「生態、優質、品牌」三大主題，大力實施「茶業富民」發展策略；採取「三改一補」（改土、改園、改樹、補植換種）辦法，促進茶葉優質、高產、低成本、高效益；統籌茶葉種植、初製技術培訓及開辦講座，扶持珍田村打破傳統經營模式，率先成立珍田茶業專業合作社。它以市場為導向，把茶葉生產、加工、經營等環節結合

在一起，走生產規模化、加工標準化、經營品牌化的發展道路，推動全鄉茶業經營持續發展。2013 年，全鄉茶園面積 2,571 公頃，茶葉產量 3,759 噸。

3. 虎邱鎮

虎邱鎮是中國名茶黃金桂的發源地和主產區。2000—2002 年，全鎮改造低產茶園 166.67 公頃，改植換種 303.33 公頃，建立 166.67 公頃綠色食品茶葉基地。2003—2004 年，雙格村等地建立無公害茶葉示範基地 333.33 公頃；建立綠色食品茶葉基地 133.33 公頃。2005—2006 年，全鎮建設生態茶園 456 公頃，茶葉綠色食品基地 166.67 公頃；同時，以芳亭村為中心建立安溪鐵觀音茶苗繁育基地 40 公頃。2013 年，全鎮茶園面積 2,145.6 公頃，茶葉產量 3,685 噸。

4. 祥華鄉

1991—1998 年，祥華鄉農民從引種鐵觀音茶樹找到一條脫貧致富之路。從此，茶葉生產成為全鄉的經濟支柱產業，使全鄉發展成為安溪茶葉主產區之一。1999—2000 年，全鄉建設萬畝（666.67 公頃）茶葉綠色食品基地。2001—2002 年，祥華鄉政府引導茶農科學施肥和用藥，提倡施用農家肥、餅肥、生物農藥，禁用高毒高殘留農藥，做好農殘降解工作，提高茶葉品質。同時，在和春、白阪、福洋等村集中成片開闢鐵觀音茶園 333.33 公頃。2003—2004 年，祥華鄉萬畝（666.67 公頃）茶葉綠色食品基地被列為泉州市級農業示範基地。2005—2006 年，全鄉改造低產茶園 200 公頃，建成生態茶園示範片 333.33 公頃。2013 年，全鄉茶園面積 2,127.33 公頃，茶葉產量 2,980 噸。著名茶企有福建百年老字型大小祥華茶廠。

5. 感德鎮

1991—1998 年，作為安溪縣茶葉鐵觀音主產區之一的感德鎮，全鎮茶園面積 499.53 公頃，投入資金

350萬元改造低產茶園320公頃。2001—2002年，實施「優質、精品、名牌」發展茶業策略，以發展茶業產業化推動農業產業化進程；至2004年，全鎮打造優質茶園681.8公頃。2005—2006年，全鎮建設生態茶園140多公頃，共培訓涉茶人員2,000多人次。2013年，全鎮茶園面積2,353.33公頃，茶葉產量3,588噸。著名茶企有感德龍馨、慶芸茶業等。

6. 大坪鄉

大坪鄉是中國名茶毛蟹的發源地，被譽為「茶海明珠」。

1991—1998年，全鄉茶園進行「三改一補」，改造低產茶園233.33公頃，改植換種200公頃，既優化了茶樹品種結構，又提高了茶葉產量。全鄉茶葉產量由1991年的301噸，提高到1998年的1400噸。

2001—2004年，鄉黨委、鄉政府組織實施「茶業富民」、「優質、精品、品牌、衛生」的茶葉發展策略，加大生態茶園建設步伐和萬畝綠色食品基地建設力度，培育茶葉龍頭企業，狠抓茶葉農殘降解，全鄉建立茶樹病蟲測報中心及7個監測點，及時發布茶樹病蟲情報，減少用藥次數；同時穩步發展有機茶和空調製茶，茶產業蓬勃發展。2013年，全鄉茶園面積1,473.1公頃，茶葉產量3,080噸。

除上述6個茶葉主產鄉（鎮）外，安溪還有龍涓、蘆田、劍斗、藍田、金谷、蓬萊等6個茶葉主產鄉（鎮）。

西坪堯陽

(二) 武夷山

武夷山市東西寬 70 公里，南北長 72.5 公里，總面積 2,798 平方公里。地跨東經 117° 37′ 22″～118° 19′ 44″、北緯 27° 27′ 31″～28° 04′ 49″。武夷山素有「奇秀甲於東南」之譽。武夷山群峰相連，峽谷縱橫，九曲溪縈回其間，氣候溫和，冬暖夏涼，雨量充沛。年降雨量 2,000 毫米左右。地質屬於典型的丹霞地貌，多懸崖絕壁。茶農利用岩凹、石隙、石縫，沿邊砌築石岸種茶，有「盆栽式」茶園之稱，形成了「岩岩有茶，非岩不茶」之說，岩茶因而得名。

2005 年武夷山獲評中國三綠工程茶葉示範縣

小武夷茶園

武夷興田鎮南岸村茶園

2006年5月20日，武夷岩茶（大紅袍）傳統手工製作技藝被中國確認為首批「國家非物質文化遺產」。

2014 年，武夷山有茶園 9,871 公頃、產量 7,800 噸、產值 15.8 億元，涉茶人數 8 萬多人，有註冊茶葉企業 4,800 多家，通過 QS 認證企業 440 家，市級以上茶葉龍頭企業 10

家，其中：國家級1家（武夷星），省級2家（元正、永生），茶葉合作社308家。有茶業類中國馳名商標3件，中國知名商標2件，省著名商標35件，省知名商標120件，茶類有效注冊商標3,000多件。

1. 正岩產地與特點

正岩產區以著名的「三坑兩澗」——慧苑坑、大坑口、牛欄坑、流香澗、悟源澗為代表，還有慧苑岩、天心岩、馬頭岩、竹窠、九龍窠、三仰峰、水簾洞等地。

慧苑坑：位於玉柱峰北麓，是武夷山岩茶產區中的核心地帶，在三坑兩澗中區域面積最大。慧苑坑土質優良，具有良好的生態環境和天然的區域小氣候，出產的茶葉品質獨特而優良。史料記載的很多名叢出自這裡，目前仍有鐵羅漢、白雞冠、白牡丹、醉海棠、白瑞香、正太陰、正太陽、不見天等珍稀名叢留存。當地人又稱慧苑坑為「慧宛坑」。傳說有個名叫慧遠的和尚來到天心廟附近坐禪，建立慧苑寺，而位於慧苑寺邊上鳥語花香的幽谷便被命名為慧苑坑，由於個別秀才讀字讀半邊，將慧苑寺誤讀為「慧宛寺」，該名稱在民間便被沿用至今。慧苑坑出產的水仙最為有名，備受茶人推崇。

牛欄坑：位於章堂澗與九龍窠之間，為武夷山風景區三條重要溝谷之一。牛欄坑澗谷土質肥沃、日照時間較短，為茶樹提供了良好的生長環境。澗谷南側為杜轄岩北壁，有「虎」、「壽」等摩崖石刻，另有方志敏領導的中共紅十軍第二次入閩時題刻的「紅軍經過此山」等。牛欄坑出產的肉桂（俗稱「牛肉」）最為有名。

大坑口：大坑口為通往天心岩的一條深長峽谷，橫貫東西，連接天心岩和崇陽溪的水系，水量豐富。坑澗兩邊茶園廣布，茶園東西朝向，光照充足，適合種植水仙和肉桂。溪流從上游帶來肥沃的土壤，所產的茶品極佳。

流香澗：原名倒水坑，位於天心

岩北麓。武夷山風景區內的溪泉澗水，均由西往東流，匯於崇陽溪。唯獨流香澗，自三仰峰北谷中發源，流勢趨向西北，倒流回山，故得名「倒水坑」。倒水坑兩旁蒼石丹崖壁立，青藤垂蔓，野草叢生，而其間卻又夾雜著一叢叢石蒲、蘭花。一路走去，流水淙淙，一縷縷淡淡的幽香撲鼻而來。明朝詩人徐渤遊歷此地之時，將此澗改名為流香澗。

悟源澗：流經馬頭岩麓的一條澗水。通向馬頭岩的澗旁石徑靜謐安詳，令人悟道思源，故得名悟源澗。澗旁石壁上刻有此三字澗名，還有乾隆年間江西茶商捐資修建石徑的題刻。武夷山風景區內最高峰三仰峰流出的諸多小溪流，匯集到馬頭岩區域，形成悟源澗的源頭，澗水流到山腳的蘭湯村，最後匯入九曲溪。

2. 半岩產地與特點

半岩產區分布在青獅岩、碧石岩、燕子窠等地，這些地區土壤為紅色矽鋁土，土層較薄，鋁含量較多，鉀含量特少，酸度高，質地較黏重。

3. 洲茶產地與特點

洲茶產地主要是正岩和半岩區域之外的黃壤土茶地及河洲、溪畔沖積土茶地等，範圍較廣泛。

不同產地的土壤環境，對茶葉品質影響較大。研究表明，正岩、洲茶地土壤中的氮、磷、錳和有機質含量差異不大，但 pH 值、鉀、鋅、鎂等微量元素及土壤的疏鬆度差異明顯，直接導致了茶葉生化成分差異。茶葉的品質不但與各生化成分總量有關，也與各成分之間的比例有關。滋味方面，正岩和洲茶中茶多酚、咖啡鹼、可溶性糖、兒茶素總量差異不大，但正岩茶中水浸出物含量（茶湯厚度）、胺基酸、酚氨比（茶湯濃度、茶味的輕重）明顯高於洲茶。香氣方面，香氣物質總量呈現正岩茶＞半岩茶＞洲茶的趨勢；不同產地茶青中的香氣成分中有相同的物質，也有獨有的香氣物質，且同一香氣成分含量及比例不同，從而表現出不同的山

場特徵。

正岩產區所產茶葉品質特徵表現為岩骨花香，即「茶水厚重潤滑，香氣清正幽遠，回甘快捷明顯，滋味滯留長久」，具有明顯的「岩韻」。半岩產區和洲茶地所產茶葉，「岩韻」不明顯或沒有「岩韻」。

茶樹的生長除受土壤影響以外，還受光照、溫度、溼度等影響，因此即使是正岩產地的同一個山場產的茶，坑底的茶和山岡上的茶味道區別也可能很大。岩茶的品質除受山場影響外，受品種和工藝的影響也比較大，不同的樹種在同一個山場會表現出不同的品質，不同的製茶師做出的茶品質差距也較大。正岩茶只要加工工藝技術沒有問題，就會有「岩骨」，外山茶做得再好，依然沒有「岩骨」。

（三）潮州

1. 潮安縣鳳凰鎮

鳳凰鎮茶園面積有 3,500 公頃，年產茶葉 2,500 噸。鳳凰鎮目前具備集產、製、銷能力於一身的規模企業有鳳凰南馥茶葉有限公司、鳳凰鎮鵬龍茶業發展有限公司、鳳凰天池茶葉公司、廣東宏偉集團鳳凰基地、潮州市天羽茶業有限公司等。

2. 饒平縣浮濱鎮

2008 年全鎮茶樹種植面積 1,546 公頃，嶺頭單叢占茶園面積九成，茶葉產量 2,365 噸。浮濱鎮茶葉規模企業目前有饒平縣元峰茶葉公司、廣東國賓茶廠坪溪基地、坪溪古山茶廠等。目前潮州鳳凰單叢茶產區，主要以家庭為單位，對茶葉進行初製，精製茶廠不多，未能形成規模化，以小企業居多。比較可喜的是看到很多外來的投資，對單叢茶進行品牌化的生產和推廣。

嶺頭白葉單叢茶鮮葉

饒平生態茶園

(四) 臺灣

烏龍茶是臺灣的主要茶類，據行政院農業委員會整理的農業統計年報可知，2006 年臺灣茶園面積為 17,214 公頃，產量大約為 19,345 噸，受水土保持等法令影響，至 2014 年後，臺灣擁有植茶面積約 11,912 公頃，年產茶葉約 15,200 噸，但由於採用精緻農業生產方式，產值反而從 2006 年的臺幣 43 億上升至 75 億。其中烏龍茶的種植面積約占 45%，即達 5,503 公頃；烏龍茶年產量過半，約占 65%，即 10,000 噸。臺灣產茶與研發推廣機構有臺灣天仁集團（中國著名茶企天福集團天福茗茶即為其所創立），以及臺灣茶業改良場、臺灣茶協會、臺灣區製茶工業同業公會等。

1. 高海拔茶區培育風味迷人的高山茶

臺灣烏龍茶按照發酵程度的不同分為輕發酵和重發酵兩大類，根據海拔高度不同分為高山茶和平地茶。

茶樹的生長環境多集中於山區丘陵，「高山雲霧出好茶」，一般而言，產地高度越高，烏龍茶茶品越好。初識臺灣茶可以從山區海拔開始著手。

臺灣不同緯度和地形中養育著許多不同特性的茶種，從北至南，由西到東，因不同的山系高度，產茶地區不勝枚舉，每個產區的茶葉都有其不同的特色。因為旅遊勝地阿里山有著高知名度，所以阿里山茶葉是觀光客最喜愛

二、烏龍茶產區主要特點

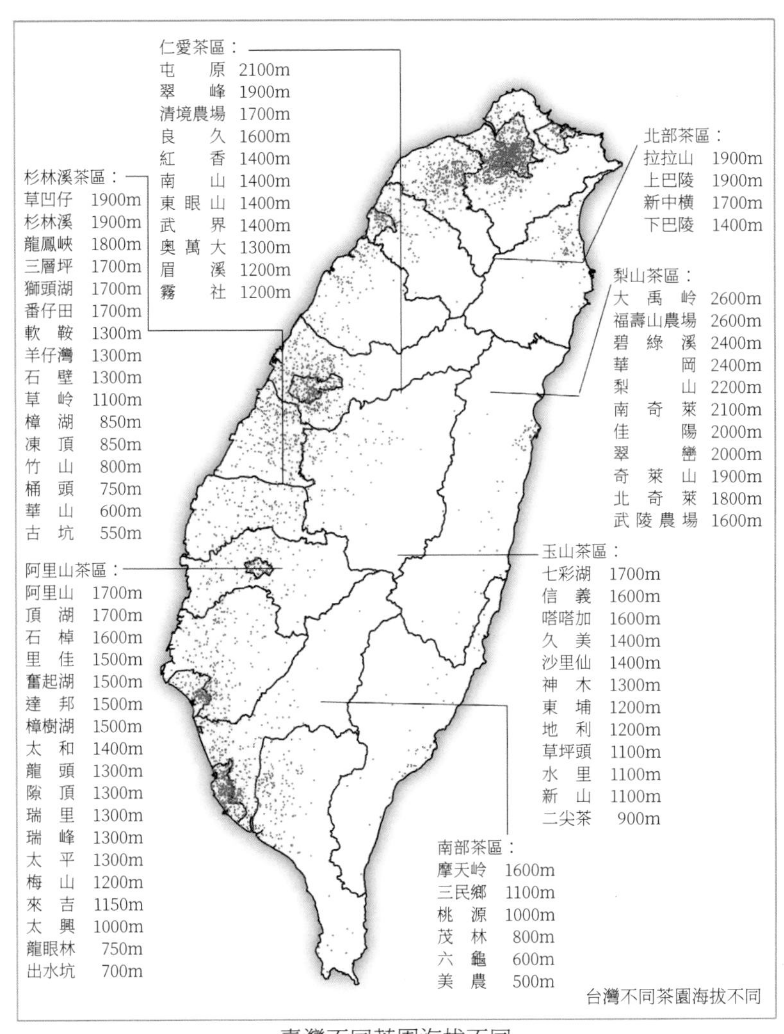

臺灣不同茶園海拔不同

的，但在大量的臺灣高山茶中，按品質風味排名的話，阿里山高山茶名次顯然不是很前面的。要更深入地了解臺灣高山茶，可以從什麼是高山茶著手。

業界對臺灣高山茶的界定是：利用海拔 1,000 公尺以上茶園中所栽植的茶葉原料製作而成的半球形烏龍茶才可以稱為「高山茶」。海拔越高，茶葉相對價格也會更高，因為海拔越高，茶產量越少，製作生產成本越高，當然更重要的因素在於高海拔的茶樹生長環境特殊，因其早晚雲霧籠罩，日照時間短，氣溫變化大，使得葉片中含有的風味物質成分濃度較高，耐泡度高，且沖泡時不怕久浸水中，茶湯滋味甘甜不苦澀。

目前，臺灣最具指標性的高山茶出產在海拔高度 1,800 ～ 2,600 公尺的大禹嶺和梨山茶區。在海拔 2,600 公尺生長的大禹嶺茶葉，口感、香氣、韻味皆為茶中之冠，內含豐富果膠，只可惜高山寒冷，一年只採收春冬兩季。梨山茶區位於約 2,000 公尺左右的海拔高度，地處臺中縣及南投縣山區交界，因一年也只採收春冬二季，量少物美，茶葉口感清新，是高山烏龍茶中的極品。

雖然在阿里山的山頭上沒有成片種植的茶樹，但阿里山的種茶區域廣，是目前高海拔烏龍茶最大的產區。其中，海拔高度約 1,500 公尺的嘉義縣石棹茶最具代表，在外銷中名氣最旺。此外，該茶區的高海拔區塊還包含有梅山、瑞里、隙頂、龍頭、瑞峰、太和、太興等。值得消費者注意的是，阿里山也出產低於海拔 1,000 公尺的茶葉。

海拔在 1,000 公尺高山的茶區還有桃園拉拉山茶區、南投杉林溪茶區、水里茶區、臺東太峰茶區等。這些地方生產的高山茶，產量較多，價格實惠，杉林溪茶區的茶尤其受臺灣茶客的青睞。

2. 平地茶區的烏龍茶也是實力派

臺灣生產烏龍茶的區域還有松柏茶區、鹿谷茶區、宜蘭冬山、臺北坪林、臺東鹿野、花蓮瑞穗及南橫藤枝等 1,000 公尺以下的「丘陵茶」茶區。除了海拔高的幾大高山茶區年產季少、產量少外，很多臺灣烏龍茶茶區年採收 5 ～ 7 次，依次為早春、春茶、頭水、二水、秋茶、冬茶和冬片等。

海拔高度約 500 公尺的松柏茶區，位於南投縣名間鄉的松柏嶺（舊稱埔中），該茶區主產松柏長青茶（原名「埔中茶」或稱「松柏嶺茶」）。更名為松柏長青茶是有其緣由的。松柏茶區是臺灣早期主要的烏龍茶產地之一，在臺灣的茶業發展史上算是開發早的，但是所產茶葉的外銷量不高，內銷市場知名度也不高，銷售市場小，茶農生活清苦。直到 1975 年

南投縣鹿谷茶園觀景平臺

得到蔣經國的青睞，因喜歡該茶的香郁芬芳，特將其命名為「松柏長青茶」。後來當地政府部門又督導推動「松柏長青茶」復興計畫，如今該茶區的烏龍茶，產量大，銷量大，鮮葉以機械採收為主，製茶過程機械化程度高，茶葉內質較好。

鹿谷茶區海拔高度約 900 公尺，位於南投縣鹿谷鄉，是臺灣炭焙烏龍茶最有名氣及產量最多的產地，也是最著名的比賽茶區。在春冬兩季的時候，鹿谷茶區往往能吸引各地茶農前來進行鬥茶比賽，形成春冬兩季的比賽盛會。鹿谷茶區生產的凍頂烏龍茶，長於焙火，該茶又被稱為「工夫茶」或「老人茶」。

坪林有臺灣「茶鄉」之譽，其所產文山包種茶是當地特色，但因為高山茶的強而有力的競爭，再加上臺灣土地寸土寸金，臺北坪林茶區的茶產量是大不如前。臺北只有淡水、九份、貓空等地少量種植茶樹，主要用途是作為觀光茶園。

現在很多市面上流通的臺北茶葉其實是來自宜蘭冬山茶區。另外，臺東鹿野、花蓮瑞穗茶區自知生產的烏龍茶競爭不過高山茶，所以要麼創新開發蜜香紅茶、紅烏龍，要麼挖掉茶樹另作他用，將茶園開發為觀光旅遊地。

烏龍紅茶

高山烏龍

紅水烏龍

第三篇

精植：烏龍茶之栽

烏龍茶主產區為臺灣，以及福建、廣東，後二者是中國氣溫最高的茶區，為熱帶季風氣候、南亞熱帶季風氣候，茶區土壤大多為磚紅壤和赤紅壤，部分是黃壤，適宜烏龍茶生長。

一、烏龍茶生長環境

(一) 安溪

安溪屬中國東南丘陵地帶，位於戴雲山脈的東南坡。安溪境內西北部山高坡陡，最高峰太華尖，海拔 1,600 公尺，其次是鳳山，海拔 1,140 公尺，除此，還有多座海拔 1,000 公尺以上的高山；但安溪境內東南部多為紅土矮山，全縣平均海拔約 300 公尺。山雖不高，坡度卻很陡。山坡上散布著許多紫紅岩塊，紅壤中有許多風化石。這種土壤地理狀況，給茶樹生長提供了良好的自然環境。

安溪境內主要溪流有三條：藍溪、龍潭溪、西溪。藍溪位於安溪南部，上游小藍溪發源於蘆田萬山中，經虎邱、官橋到達縣城南；龍潭溪位於安溪中部，源於長坑，經尚卿到達金谷西南匯入西溪；西溪位於安溪北部，源於永春西北，經劍斗、湖頭、金谷、魁斗，到達縣城，與藍溪交會。兩溪匯合後即是晉江，流向東南直至泉州出海。安溪的溪流上游落差極大，水力資源豐富。下游較為平緩，可通小船。事實上，在公路修通之前的許多年中，水路交通是安溪與閩南來往的主要方式。今天安溪的溪流雖已不再成為主要交通通道，但在灌溉農田、水電建設、改善生態環境方面，仍然發揮極為重要的作用。

按照地形地貌與位置的不同，習慣上將安溪分為內、外片。東部靠海方向為外安溪，平原矮坡居多，屬南亞熱帶海洋氣候。年平均氣溫 19℃～21℃，年降雨量 1,600 毫米，相對溼度 76%～78%，夏日長而炎熱，冬季無霜。西北部為內安溪，多山地，群峰起伏，屬中亞熱帶氣候。年平均氣溫 16℃～18℃，年降雨量 1,800 毫米，相對溼度 80% 以上，全年四季分明，但夏無酷暑，冬無嚴寒。

安溪縣各個鄉鎮均產茶，但最主要的茶區集中在內安溪的祥華、感德、劍斗、長坑、西坪、虎邱、龍涓七個鄉鎮。鐵觀音的發源地西坪鄉，距縣城 30 多公里，境內大部分是坡度很陡的大山。誕生鐵觀音傳說之一的魏蔭所在的松岩村，位於一片蒼翠的大山半坡上，周邊樹木茂盛，泉流清澈，空氣清新。另一種鐵觀音傳說中提到的「王士讓讀書處」，也是在一座山峰的半坡上，周邊環境與松岩村相仿。站在此處遠望，只見四周崇山峻嶺，山頂綠樹蔥蔥，山間茶園層層，山下溪流蜿蜒，構成一幅特別的茶鄉風景，令人心神格外怡然。

烏龍紅茶

事實上，安溪的大部分優質茶園都在類似的山坡上。上有茂密樹林，下有潺潺清流，中間的山坡全是階梯式茶園。有的茶園新開不久，茶樹矮小，望上去紅色多於綠色；有的茶園是老茶園，樹木比較茂密，鬱鬱蔥蔥，景致清新。安溪的茶園，一年可採摘四次，採摘時間從三月清明開始，一直延續到十月白露。

（二）武夷山

武夷山有三十六峰、九十九岩。武夷岩茶茶園分布在山凹岩壑裡，四周林木蔥蘢，花草蔓生。茶樹生長在岩壁間，形成了盆景式茶園。

武夷岩茶茶園

壤：武夷山岩石主要是火山礫岩、礫岩、紅砂岩、葉岩、凝灰岩等。武夷岩茶就是生長在這些岩石風化土壤中。正岩茶園土壤含砂礫量較多，土壤通透性能好，土層好，鉀錳含量高，酸度適中，製出的茶岩韻明顯。半岩茶產地青獅岩、碧石岩主要是厚層岩紅土，土層較薄，鋁含量高，鉀含量特別少，酸度較高，質地較黏重，製出的茶岩韻微顯。馬頭岩一帶主要是黃壤土，獅子口、九曲溪畔是沖積土，土壤中鈣含量高，土壤肥沃，製出的茶茶韻略遜。

溫度：武夷山年均溫度 17.9℃，最高溫度 34.5℃（7 月），最低溫度 1℃～ 2℃（1 月），極端天氣很少出現。日夜溫差大，早晚涼，中午熱。白天溫度高，茶樹光合作用生成物質多，夜晚溫度低，茶樹呼吸作用減弱，有機物的消耗少，醣類縮合困難，纖維素不易形成，有利於茶樹新梢中內含物的累積和轉化，使胺基酸、咖啡鹼、芳香物質等成分含量豐富。

水分：武夷山境內雨量充沛，年均降雨量為 1,800 ～ 2,200 毫米，降雨季節集中於 3 ～ 6 月，呈現春潮、夏溼、秋乾、冬潤的特點。在茶季降雨量一般都高於 100 毫米。全年霧露較多，空氣相對溼度大，均在 80% 以上。又因終年岩泉點滴不絕，茶園土壤溼潤，茶樹新梢持嫩性較強，不易粗老，芽葉肥壯，有利於提高成茶品質。

光照：武夷山茶園建立在峭壁、陡坡或岩谷之間，被密林環抱，陽光穿透枝葉篩射到茶樹葉面上；再加上霧氣籠罩，光照通過水氣層，直射光減少，漫射光增多，光照時間比平地短，多數茶園終年無直射光照，因此使茶葉中各種內含物，尤其是芳香物質的種類和數量與其他產區有明顯的差異，形成岩茶獨特的品質風格。

（三）潮州

1. 地形地貌

地形：鳳凰山是粵東地區最古老的山，從地質資料中獲悉，鳳凰山的花崗岩體屬燕山運動第三期的岩漿（據說是 1.37 億萬年以前形成的），大多為黑雲母花崗岩粗粒結構，且鳳鳥髻、萬峰山、烏崠山山腰上的土壤為粗晶花崗岩發育而成，從而促成了鳳凰單叢茶獨特的「蘭香桂味」的產生。

鳳凰茶區的地形複雜，四面高山環抱，峰巒重疊，山脈縱橫交錯，大都呈東北—西南走向，地勢自東北向西南逐漸傾斜，形成以鳳凰山為中心的呈零星分布狀的若干谷地。

海拔高度：鳳凰名茶產於海拔 400 ～ 1,300 公尺的高山上，高山雲霧多，漫射光多，對茶樹的合成有利。另外，山中空氣溼度大，使葉片持嫩性強，再加上土壤中有機質含量較多，日夜溫差大，使茶葉中累積的營養物質含量高，而且葉片內所含的物質包括兒茶素、芳香物質也較多，從而提高了成茶的香氣成分。

坡向：坡向不同，氣候與土壤因數也會有很大差異，產茶品質也不同。

2. 氣候

光照：鳳凰茶區處於北緯 23.5 度、海拔 400 ～ 1,497.8 公尺的高溫多溼海洋性氣候地區。據本地氣象觀測資料（1949—1986 年）統計，歷年平均積溫為 7,061.6℃，比本地平原（8,024.63℃）偏少；歷年平均日照量為 1,402.9 小時，比本地平原偏少 524.3 小時。特別的氣候使茶葉累積了較多的化學物質成分，符合「茶宜高山之陰，而喜日陽之早」的特性。

降雨量：鳳凰鎮一般年份降水天數為 140 天，歷年平均降雨量為 2,161.1 毫米，比本地平原偏多 382.8 毫米。每年雨季多集中在 4 ～ 9 月，除 12 月分和 1 月分的雨量少於 50 毫米外，其餘各月分均大於 100 毫米。日最大降雨量 200 毫米，多分布在 7 ～ 9 月分的颱風季節。空氣相對溼度為 80%。鳳凰茶區的水分條件非常優越。

氣溫：鳳凰鎮地處北回歸線之北

（即北緯 23° 53′），離北回歸線不遠，距南海也不遠，受海洋暖溼氣的影響，屬於南亞熱帶氣候，溫和涼爽，常年平均氣溫在 20℃～ 22℃之間。由於所處的緯度較低，因此每年的霜期不長，一般霜期只有 2 ～ 3 次，每次 3 ～ 4 天，多發生在小寒至大寒期間或大寒至立春之間，素有「夏無酷暑，冬無嚴寒」之稱。

3. 土壤

鳳凰山形成年代久遠，岩石風化較深，表層物理風化不斷發展，鳳凰茶區的土壤屬紅壤和黃壤，有不少茶園的表土層是由片麻岩、砂岩、花崗岩風化形成的，表土顏色呈灰色或灰棕色，岩石中的礦物質不斷分解而儲藏於土地之中。經年累積下，土層深厚，富含有機質，為茶樹生長提供充足的養分。

土壤

烏崠山上的風化石

(四) 臺灣

臺灣位於中國東南海域，南部屬熱帶季風氣候、北部屬亞熱帶季風氣候。臺灣面積 3.6 萬平方公里，是多山海島，高山和丘陵面積占 2/3，有東部多山脈、中部多丘陵、西部多平原的地形特徵。境內最高峰為玉山山脈的玉山主峰，海拔 3,952 公尺。中央山脈主要係變質岩系，西部濱海平原為沖積層，成土母質類型眾多，山地有多種由不同母質發育的富鐵鋁土壤。臺灣年均氣溫約為 21.0℃，南部的恆春最高（25.0℃），玉山最低（3.9℃），每年 4 月以後，平均氣溫 20℃以上的時間長達 8 個月。臺灣年均雨量約為 2,600 毫米，年均雨日約 155 天。臺灣森林面積約占 52%，多分布在東部山地。臺灣冬無嚴寒，夏無酷暑，降水豐沛、氣候溼潤，非常適合茶樹的生長。

二、烏龍茶栽培

(一) 安溪烏龍茶栽培

安溪栽培注重茶樹生長年代的更新，修剪高度偏低，一般栽培程序是擇地整園 —— 選苗種植 —— 分期管理。安溪茶區的經驗證明，好茶基本上都出產在海拔 600 ～ 1,000 公尺的山上。安溪人在長期的種茶實踐中，累積了豐富的經驗，透過人工改造的辦法彌補了一些低海拔茶園的先天缺陷。建設高標準生態茶園就是最有效的辦法。安溪茶科所新植的兩公頃多鐵觀音園全部用石砌坎，園內深墾，施豆餅、磷肥、稻草作基肥，很好地防止了水土流失，茶樹長勢好於歷年同齡茶樹的生長水準；劍斗後山茶場的 9 公頃鐵觀音園，全部用草坯砌築堅固的外坎，取得大面積豐收；蘆田

茶場的1公頃鐵觀音老茶園，透過砌壁保土，獲得豐收。

烏龍茶育苗通常採用短穗扦插技術，茶農常說：觀音好喝樹難種。難就難在鐵觀音茶樹對環境要求較高，扦插中任何一個細節疏漏都有可能造成死苗。這就要求在扦插時一定要精心、細心，以保證最大的成活率與壯苗率。

烏龍茶茶園的耕作技術是每年或隔年冬季進行一次深耕，結合深耕施入基肥。在每年9月至10月全面摘除烏龍茶茶樹上的花果，以減少養分消耗，使養分集中供應芽葉的生長。實踐證明，摘除花果是安溪烏龍茶高產、優質的一項有效措施。此外，還採用鐵芒萁、稻草等覆蓋茶園，及時防治病蟲及自然災害。

茶園耕鋤和管理，安溪茶區普遍採用填土法，每年或隔年進行一次填土，與深耕同時進行。對於沙質土壤，填入黏性較重的紅土，而對於黏性土則填入沙質紅壤。填土增加了土層厚度，改善了土壤理化性質，增強了土壤保水保肥的能力。安溪蘆田茶場1公頃鐵觀音老茶園產量原本僅5,697公斤/公頃，經填入698立方公尺土壤後，茶園活土層達到60公

土壤

分，擴大了茶樹的根系分布範圍，為茶樹生長創造了良好的土壤條件。

安溪採用的施肥技術是大量增施有機肥，合理搭配氮、磷、鉀三要素。安溪蘆田茶場鐵觀音茶園，施入豆餅、骨粉、牛欄肥、水肥等，鋪蓋稻草，再配施一定的氮、磷、鉀肥，使茶園土壤肥力大大提高。

經過努力引導和採取有效措施，今天的安溪人環保意識大大增強，普遍使用無公害農藥，有些茶區開始實行以農業防治為主、生物防治和藥物防治相結合的綜合防治措施。

(二) 武夷岩茶栽培

武夷岩茶已有一千餘年的栽培歷史。武夷山茶區地形錯綜複雜，岩茶區大部分利用幽谷、深坑、岩隙、山坳和部分緩坡山地。武夷岩茶產區內茶園、水溝、道路布局自然奇妙，流水順勢匯集，道路錯落有致，林木茂盛，茶樹與岩石構成天然山水畫。

武夷岩茶栽培前，茶園要先開好排水溝，以石砌梯，險峻石隙可栽植處，亦需砌築石座；之後表土回園，重施基肥，或運填客土，以土代肥。茶園整理好後即可扦插育苗，移栽種植；要適當密植，採用良種良法。之後合理修剪，枝葉、雜草回園覆蓋。武夷耕作法是獨特的栽培技術，較突出的有「深耕吊法」、「客土法」；耕植深翻使茶樹近根部的有效養分能被充分吸收，根部在日光曝晒下，能除蟲滅病並使土壤熟化;客土中含有大量的微量元素，它們是形成岩韻的重要特質。

茶樹採摘時，除少數高端岩茶手工採摘，大多數是機械採摘，採摘為開面成熟採，一芽三四葉。茶園維護方面，為防高寒、乾旱、凍害，採取用雜草、稻草、麥秸等均勻覆蓋行間裸露土壤的方法進行維護；採用農業防治、物理防治與生物防治相結合的方法來抑製茶園病蟲害的發生。

張天福講學梯層茶園

(三) 潮州鳳凰單叢栽培

古代，鳳凰茶僅有烏龍茶和烏嘴茶兩個品種。由於鳳凰山地處高山峻嶺，交通不便，與外界隔絕，茶葉銷售受阻，市場不成規模，茶農採取自給自足的生產方式，茶業發展緩慢。至南宋末年，烏崠山李仔村李氏開始選擇較好的茶樹，取其茶果茶籽，用點穴播種的方法進行播種，培育出了一片較好的宋茶樹。

1990 年秋，鳳凰鎮開展了挖掘、繼承、發展「嫁種茶」技術的群眾運動。茶農們根據無性繁殖的原理，研究新的技術，大膽地進行劈接法、單芽切接法和單芽皮下腹接法等一系列的試驗。

嫁接高香品種

浙大博導童啟慶教授與上海茶葉學會劉啟貴會長觀察單叢茶嫁接情況

嫁接單叢茶

單叢茶籽苗

栽培扦插育苗

茶苗圃

由於單叢茶苗嬌貴，較其他茶苗要求條件高，加上白葉單叢茶苗稚嫩，容易受高溫烈日的傷害，不比一年半生以上的老熟茶苗，所以植後的初期管理要加倍做好。根據烏崠山的地理走向，東北坡比西南坡的日照時間短，土壤溼潤，蒸發量較小，茶樹的壽命較長。

①烏崠山杜鵑花 —— 名茶伴生植物
②三百多年的老茶樹
③高 4 ～ 5 公尺的古茶樹
④茶園
⑤用石塊築成梯壁的茶園

(四) 臺灣茶園

1. 注重茶葉的水分管理與茶園覆蓋

臺灣茶園土壤主要是岩石風化或經洪積後而形成，主要分為兩大類：

第一，大約有三分之一的臺灣茶園分布於海拔 200 ～ 500 公尺的丘陵地，其地大都是母岩由砂岩或葉岩形成的紅土壤。這樣的土壤具有土層深厚較黏重的特點，土壤酸鹼度在 4.0 ～ 4.8 之間，有機質含量低，在此基礎上種植的茶樹產量不高，容易衰老，品質一般。這樣的茶園在管理方面，要非常注意茶葉的水分管理，茶園普遍安裝有噴灌設施。

第二，剩下的三分之二茶園主要分布於中央山脈及其支脈，大約在海拔 300 ～ 2,000 多公尺的山坡地區，這裡的土壤多呈黃褐色，土壤酸鹼度在 4.5 ～ 5.5 之間，質地鬆軟，有機質含量較高，這是 1980 年代以來臺灣的核心茶區，產出的茶葉品質優良，享譽全球。可惜的是此類坡地茶園即使築有平臺，但依舊會出現表土被沖失、根部暴露的情況。因此，此類茶園的覆蓋十分重要。

2. 注重茶園的機械開墾

因為勞動力成本高，所以不管是平地茶園，還是高山茶園的開墾，為考慮降低成本，都會選擇機械開墾。不同的是，平地茶園可以選擇大型或

茶青運輸軌道

高山茶園及茶青運輸軌道

中型開墾機作業，耕犁深度 60 ～ 70 公分，而坡地茶園為配合機械化耕作，開種植溝時，一般以行距 1.5 ～ 1.8 公尺、行長 30 ～ 50 公尺為佳。

茶園間種銀杏

3. 注重茶園的永續發展

臺灣茶園注重永續發展，展現在農藥施用和茶葉留養方面上。臺灣地處亞熱帶，氣候溫和，種植早、中、晚生多類品種，因此全年從 2 月至 11 月都有茶芽可採摘。

茶園施肥

在臺灣，危害茶樹的害蟲有 170 多種，害蟎也有 180 種左右。目前臺灣常見的茶樹病蟲害為：茶毒蛾、瘤尺蠖蛾、黑點刺蛾、咖啡木蠹蛾、茶避債蛾、臺灣避債蛾、茶姬捲葉蛾、茶捲葉蛾、茶細蛾、圖紋尺蠖蛾、茶雕木蛾、茶蠶、茶角盲椿象、薊馬、柑橘刺粉虱、茶小綠葉蟬、茶葉蟎、臺灣白蟻、蠐螬（雞母蟲）。考慮到茶園的生態環境和降低茶葉農殘，茶園基本使用生物防治，施有機肥，農藥的使用也受政府嚴格管理和輔導。據當地茶農和茶商介紹，收茶時，茶

南投鹿谷茶園蓄水池

商都會到茶園觀看，若發現茶園裡沒有雜草，土壤裸露，則判斷可能使用除草劑；如果茶園有蜜蜂，說明茶葉農殘低或無農殘。在這樣的發展思路下，臺灣茶園是一整片一整片的青綠，非常具有觀賞價值。

三、烏龍茶種植品種

(一) 安溪

1. 鐵觀音

鐵觀音，又名紅心觀音、紅樣觀音，屬國家級良種，原產於安溪縣西坪堯陽。灌木型，中葉類，遲芽種。樹姿開張，枝條斜生，稀疏不齊；葉形橢圓，葉色濃綠，葉厚質脆，葉緣波狀，略向後翻，鋸齒疏鈍，嫩芽紫紅。開花多，結實率高。萌芽期在春分前後，停止生長期在霜降前後，一年生長期為 7 個月。鐵觀音天性嬌弱，抗逆性較差，有「好喝不好栽，好喝不好做」之說。

用鐵觀音品種製成的烏龍茶，品質特優，滋味醇厚、甘鮮，香氣清芳高雅，水色清澈金黃，葉底肥厚軟亮，常以天然的蘭花香和特殊的「觀

音韻」而區別於其他烏龍茶。鐵觀音主要分布於西坪、虎邱、祥華、感德、劍斗等鄉鎮。1990年，全縣鐵觀音栽培面積1,333.33公頃，居全縣第二位；至2007年，位居第一位，為縣內四大茶樹良種之一。清光緒二十二年（1896年），安溪大坪鄉福美村張迺妙、張乃乾兄弟將鐵觀音傳至臺灣木柵區。

2. 黃旦

黃旦，又名黃棪、黃金桂，屬國家級良種，原產於安溪縣虎邱鎮羅岩村。小喬木型，中葉類，早芽種，葉片較薄，葉色黃綠。用黃旦品種製成的烏龍茶，香奇味佳，水色金黃，葉底黃亮，獨具一格。黃旦主要分布於虎邱羅岩、大坪、金谷、劍斗、城廂等地。1990年全縣栽培黃旦面積666.67公頃，居全縣第五位，為安溪四大茶樹良種之一。

黃旦的由來有兩種傳說：其一，相傳，清咸豐十年（1860年），安溪羅岩灶坑村（今虎邱鎮美莊村），有個青年叫林梓琴，娶西坪株洋村女子王淡為妻。當地風俗，結婚一個月，新娘回娘家「對月換花」，返回婆家時，新娘帶回的禮物中要有一種東西「帶青」（即植物幼苗），以象徵世代相傳，子孫興旺。王氏「帶青」之物，竟是兩株小茶苗，種植於祖祠旁園地裡。經夫妻雙雙培育，茶樹長得枝繁葉茂。採製成茶，色如「黃金」，奇香似「桂」，左鄰右舍爭相品嘗，嘖嘖稱讚，特以王淡名字的諧音為其命名為黃旦。後來，茶商林金泰將黃旦運銷東南亞各國，供不應求。為進一步提高黃旦的身分，人們根據黃旦的特徵，又將其命名為黃金桂。其二，19世紀中期，安溪縣羅岩村茶農魏珍，外出路過北溪天邊嶺，見一株茶樹呈金黃色，因好奇心驅使，特意將它移植家中盆裡。後經壓枝繁殖，精心培育，樹苗茁壯成長。採製成茶，沖泡之時，未揭杯蓋，茶香撲鼻；揭開杯蓋，芬芳迷人，因而傳揚。後人根據其葉色、湯色特徵，取名為黃旦。

3. 本山

屬國家級良種，原產於安溪西坪堯陽。灌木型，中芽種，中葉類，花果頗多。與鐵觀音屬「近親」，但長勢與適應性均比鐵觀音強。本山主要分布於西坪、虎邱、蓬萊、尚卿、長坑、蘆田等鄉鎮、場。1990 年，全縣本山栽培面積達 1,066.67 公頃，居全縣第三位，為全縣四大茶樹良種之一本山由來據《安溪茶業調查》(1937 年莊燦彰著，第 39 頁) 載:「此種茶發現於 60 年前（約 1870 年），發現者名圓醒，今號其種日圓醒種，另名本山種，蓋堯陽人指為堯陽山所產者。」

4. 毛蟹

屬國家級良種，原產於安溪大坪鄉福美大丘侖。灌木型，中葉類、中芽種，葉厚質脆，鋸齒銳利。全縣各鄉、鎮均有栽培，主要分布於大坪、虎邱、城廂、蓬萊、魁斗、金谷、湖頭、官橋、龍門、蘆田等鄉、鎮、場。1990 年全縣毛蟹栽培面積 2,666.67 公頃，是全縣面積較多的一個品種，也是全縣四大茶樹良種之一。

毛蟹由來據《茶樹品種志》(1979 年出版，福建省農業科學院茶葉研究所編著，第 74 頁) 載:「據萍州村張加協（1957 年 71 歲）云:『清光緒三十三年（1907 年）我外出賣布，路過福美村大丘侖高響家，他說有一種茶，生長極為迅速，栽後二年即可採摘。我順便帶回 100 多株，栽於自己茶園。』由於產量高，品質好，於是毛蟹就在萍州附近傳開。」

5. 梅占

屬國家級良種，原產於安溪蘆田。小喬木型，大葉類，中芽種，節間甚長。梅占主要分布在龍涓、虎邱、西坪等鄉鎮，1990 年全縣栽培梅占面積達 1,000 公頃以上，居全縣第四位。

梅占的由來有兩種傳說：其一，

清道光元年（1821 年）前後，蘆田村有一株茶樹，樹高葉長，但不知其名。有一天，西坪堯陽王氏前往蘆田拜祖，蘆田人特意考問王氏那株茶叫何名。王氏不知，一時答不上來，抬頭偶見門上有「梅占百花魁」聯句，遂巧取「梅占」為其茶名。其二，清嘉慶十五年（1810 年）前後，安溪三洋農民楊奕糖在百丈坪田裡工作，有位挑茶苗的老人路過此地，向楊討飯，楊盡情款待，老人以三株茶苗贈送。楊把它種在「玉樹厝」旁，精心培育。茶樹長得十分茂盛。採製成茶，香氣濃郁，滋味醇厚，甘香可口。消息一傳開，大家爭相品評，甚為讚賞，但叫不出茶名來。村裡有個舉人根據該茶開花似蠟梅的特徵，將其命名為梅占。此後三村五里廣植廣種，逐漸馳名各地。

6. 大葉烏龍

大葉烏龍，又名大葉烏，屬國家級良種，原產於安溪長坑珊屏。灌木型，中葉類，中芽種，開花結實率高。1990 年全縣栽培大葉烏龍面積達 666.67 公頃，居全縣第六位。

大葉烏龍的由來：相傳清雍正九年（1731 年），安溪長坑人氏蘇龍，將安溪一種茶苗移栽於建寧府（今南平市）。該茶樹產量高，品質好，當地茶農認定為優良品種，競相繁殖栽培。沒過幾年，蘇龍辭世，當地茶農以蘇龍姓名諧音將茶命名為「烏龍」。後又根據其品種特徵，稱其為「大葉烏龍」，而區別於其他烏龍品種。

7. 佛手

佛手屬省級良種，又名香櫞，原產於安溪虎邱鎮金榜村騎虎岩。灌木型，大葉類，葉大如掌，中芽種，開花不結實。1986 年被定為福建省茶樹良種。

佛手的由來：相傳，清康熙二十九年（1690 年）前後，安溪金榜村騎虎岩的一位老和尚，用茶樹枝條嫁接在香櫞上，故此茶得名佛手。

8. 其他品種

①早芽種

有大紅、白茶、科山種、早烏龍、早奇蘭5個品種，均原產於安溪縣。

1990年安溪均有栽培，大紅主要分布在西坪等地，科山種主要分布在尚卿鄉。

②中芽種

有菜蔥、崎種、白樣、紅樣、紅英、毛猴、猶猴種、白毛猴、梅占仔、厚葉種、香仔種、硬骨種、皺面吉、豎烏龍、伸藤烏、白桃仁、烏桃仁、白奇蘭、黃奇蘭、赤奇蘭、青心奇蘭、金面奇蘭、竹葉奇蘭、紅心烏龍、赤水白牡丹、福嶺白牡丹、大坪薄葉等28個品種，均原產於安溪縣。1990年之後縣內均有栽培，奇蘭、白牡丹、皺面吉等主要分布在西坪。

中國綠化委2006年將大紅袍定為受保護的古樹名木

③遲芽種

有肉桂、墨香、香仁茶、慢奇蘭4個品種，均原產於安溪縣。1990年之後安溪均有栽培，肉桂主要分布於大坪鄉。

(二) 武夷山

武夷山種植的烏龍茶品種有：主要栽種品種大紅袍、水仙、肉桂，四大名叢鐵羅漢、水金龜、半天妖、白雞冠，以及北斗、白瑞香、雀舌、玉麒麟、向天梅、大紅梅、正太陽、正太陰、正柳條、醉貴妃、紅雞冠、金羅漢、素心蘭、玉井流香、紅孩兒等眾多單叢，此外還有引進品種如黃旦、黃觀音、金觀音、梅占、佛手、九龍袍、春蘭、黃玫瑰、金

玫瑰、白芽奇蘭、丹桂、矮腳烏龍等。

1. 大紅袍

省級良種，原產於武夷山九龍巢。茶樹為灌木型，中葉類，晚生種。樹冠半展開，分枝較密且斜生，葉近闊橢圓形，尖端鈍略下垂，葉緣微向面翻，葉色深綠光澤，內質稍厚而發脆，嫩芽略壯，顯毫，深綠帶紫。在早春茶芽萌發時，從遠處望去，整棵樹豔紅似火，彷彿披著紅色的袍子，這就是大紅袍的由來。

2. 水仙

國家級良種，原產於南平建陽。小喬木，大葉種，晚生種。樹姿半開張，芽葉淡綠色，茸毛較多，持嫩性較強。製成的岩茶香氣悠長。

吳三地百年老樅茶樹掛滿苔蘚

吳三地百年老樅基地

3. 肉桂

省級良種，原產於武夷山馬枕峰。灌木型，中葉類，晚生種。樹姿半開張，芽葉紫綠色，茸毛少，持嫩性強。製成的岩茶香氣辛銳持久，有桂皮香。

(三) 潮州

1. 黃枝香型

包括宋茶、宋種黃茶香、大白葉單叢、宋種 2 號、棕蓑挾單叢、海底撈針單叢、團樹葉單叢等。

以宋種黃茶香單叢茶為例：

名字由來：宋種黃茶香單叢因成茶的香味似黃茶而得名。

茶樹特點：有 600 多年的栽培歷史，樹高 6.28 公尺，是當今鳳凰茶區最高的一株茶樹，樹姿半張開，樹冠 6 公尺 ×5.3 公尺。

2. 芝蘭香型

包括雞籠刊單叢、八仙單叢、竹葉單叢等。以竹葉單叢茶為例：

名字由來：竹葉單叢，又名「芝蘭王」。因葉形狹長，形似竹葉而得名。又因成品茶芝蘭花香氣高銳、持久而稱為「芝蘭王」。

茶樹特點：樹齡 50 多年。樹高 3.1 公尺，樹姿開張，樹冠 2.65 公尺 ×3 公尺，分枝密度中等。葉片上斜狀著生，這是鳳凰茶區最典型的茶葉，最狹長的茶葉，葉寬 3 公分，屬長披針形，葉尖漸尖。葉面微隆，葉色綠，葉身稍內折，葉質中等，主脈明顯。葉齒細、淺、鈍，是鳳凰單叢株系中葉上鋸齒數量最多的品種。

3. 蜜蘭香型

包括宋種蜜蘭香單叢茶、黃金葉單叢茶、峯門單叢茶等。以宋種蜜蘭香單叢茶為例：

名字由來：宋種蜜蘭香，原名為香番薯，因成品茶沖泡時冒出一種獨特的氣味，恰似香番薯的氣味，故得名。後茶葉專家鑑定時，因品嘗出蜜蘭香氣味，又因其樹齡高，故稱其為宋種蜜蘭香單叢。

茶樹特點：樹齡 600 多年，樹高 4.59 公尺，樹姿開張，樹冠 6.5 公尺 ×6.7 公尺，分枝密度中等。葉片上斜狀著生，葉形長橢圓。葉面隆起，葉色深綠，葉身平展，葉質硬脆，葉尖漸尖，葉齒細、淺、利，葉緣微波狀。由於該種茶樹抗寒抗旱能力強，

產量高品質優，烏崠管區和鳳西管區都扦插繁殖和嫁接繁殖。

4. 桂花香型

名字由來：桂花香單叢，因成品茶具有自然的桂花香味而得名。

茶樹特點：樹齡 280 年，樹高 3.34 公尺，樹冠 3.61 公尺 ×2.74 公尺。分枝密度中等，發芽密度中等，芽色綠、無茸毛。春芽萌發期在春分後，採摘期在穀雨前後。每年新梢兩輪次，10 月為營養芽休止期。葉形橢圓，葉色綠，葉面微隆，葉身平展，葉質柔軟，葉尖漸尖，葉齒粗、淺、利，葉脈分明。

5. 玉蘭香型

名字由來：金玉蘭單叢，因該樹的生葉呈黃綠色（茶農稱為金色），製成茶後具有自然的玉蘭花香味，故得名。

茶樹特點：樹齡 150 多年，樹高 4.8 公尺，樹姿開張，樹冠 4.3 公尺 ×4 公尺。分枝密度中等。葉片上斜狀著生，呈橢圓形，葉尖漸尖，葉面平滑，葉色黃綠，葉身平展。葉齒粗、深、利，葉緣呈波狀。春芽在春分前萌發，芽色淺綠，有茸毛。

6. 薑花香型

名字由來：薑母香單叢（古稱薑母茶，後稱通天香），因茶湯滋味甜爽中帶有輕微的生薑（俗稱薑母）辣味而得名。

茶樹特點：樹齡 200 多年，樹高 3.86 公尺，樹姿半張開，樹冠 4.26 公尺 ×3.76 公尺，分枝密度中等。

7. 夜來香型

名字由來：夜來香單叢，因成茶具有自然夜來香的花香而得名。又據茶農文錫為介紹：在夜晚「做青」時，鮮葉發出的「水香」（茶葉初發酵時，揮發出的芬芳油香）一陣比一陣高，直至「殺青」流程結束為止，故得名。茶樹特點：樹齡 300 多年，樹高 5 公尺，樹姿半開張，樹冠 4.3 公尺 ×3

公尺，葉片上斜狀著生，橢圓形。主脈明顯，側脈不明顯，葉齒細、淺、利，葉緣微波狀。

8. 杏仁香型

包括老杏仁香單叢茶和烏葉單叢茶等。以烏葉單叢茶為例：

名字由來：烏葉單叢茶俗名「鴨屎香單叢茶」，因生葉顏色墨綠，茶農稱它為烏葉，又因成品茶條索色澤烏褐、油潤，故稱為烏葉單叢茶。據已八旬的茶農魏春色介紹：這名叢是祖傳的，原從烏崠山引進的，種在「鴨屎土」（其實是黃壤土，但含有礦物質白堊）茶園，長著烏藍色（即墨綠色）的鮮葉，葉長得像剛畝（學名鴨腳木）葉一樣。鄉里人評價這茶香氣濃，韻味好，紛紛問是什麼名叢，什麼香型。魏怕人家偷去，便謊稱是鴨屎香。但還是有人想方設法獲得了茶穗進行扦插、嫁接。結果「鴨屎香」的名字便傳開去，茶苗也隨之迅速在潮州茶區擴種。1990 年代嫁接種植最多。

茶樹特點：樹齡 70 多年，樹高 2.38 公尺，樹姿直立，分枝密度中等，發芽密度中等，芽色綠，無茸毛。

9. 肉桂香型

名字由來：肉桂香型，因茶湯的滋味近似中藥材肉桂的氣味而得名。茶樹特點：樹齡 200 多年，樹高 4.65 公尺。分枝密度中等，葉片上斜狀著生，長橢圓形。

10. 茉莉香型

名字由來：茉莉香單叢茶，因成品茶沖泡時冒出自然的茉莉花香而得名。

茶樹特點：樹齡 150 年，樹高 3.4 公尺，樹姿半開張，樹冠幅 3.2 公尺 ×2.5 公尺，分枝密度較疏，葉片上斜狀著生。葉形橢圓，葉面平滑，葉色綠，葉身稍內折，葉質較厚實，葉尖漸尖。葉齒細、淺、利，葉緣微波狀。

葉向上

葉下垂

葉內折

大柚葉

墨綠　芝蘭香

野放白葉

木仔葉（橢圓　鈍尖）

烏東高山白葉

杏仁香　長橢圓　鈍尖
深綠內折

石古坪烏龍茶

大蝴蜞鮮葉

團樹葉

低山園白葉

群體

宋種黃茶香　表面凹凸

宋種鴨屎香
烏東2號宋種　鈍
竹葉　披針形
葉質薄
坪仔頭　柿子葉
（圓卵　圓尖　內折　粗深鈍）
鋸齒淺
翠綠二代宋種
闊橢圓
大柚葉
兄弟茶
闊橢圓形
鋸剁仔
雞籠刊
宋種2號　-1
（長橢圓　圓尖或鈍尖）

潮州烏龍茶樹葉態

(四) 臺灣

當前臺灣茶區大面積種植的烏龍茶，除了臺灣當地的野生品種，以及從福建安溪、武夷山等地引進的茶種外，還有一些選育出的適製烏龍茶的優良品種。

1. 野生茶茶樹品種

談起臺灣烏龍茶茶樹品種，絕對不可不講六龜野生茶。此茶為大葉種小喬木型茶樹種，因其生長環境特殊，長在不易進出的偏遠深山，生長高大，採摘不便，產量少，極少出口外貿，所以對外的名氣不大。六龜野生茶樹主要分布於海拔 1,100 ～ 1,600 公尺的美崙山、鳴海山和南鳳山區。現今原生茶樹已受到保育，禁止人們入山採摘，當地政府為保護該品種還鼓勵、扶持生產六龜茶，當地茶農採用播種和扦插方式人工培育野生茶，採取自然放任生長和不噴農藥的方式管理茶園，以自產自製自銷的方式經營茶園，並結合觀光來行銷野生茶，目前以六龜的新發村和桃園區的寶山村為核心茶區。

由於六龜野生茶兒茶素含量高，也可將其加工成綠茶或紅茶，但六龜野生茶的加工方式還以烏龍茶製法為主，發酵程度較重。初製撿梗烘焙後，放入甕中存放 1 ～ 2 年後，茶湯清澈金黃、滑潤甘醇，品質類似臺灣早期紅水烏龍茶，非常耐泡，當地人稱「甕仔茶」。

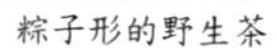

粽子形的野生茶

粽子形的野生茶沖泡

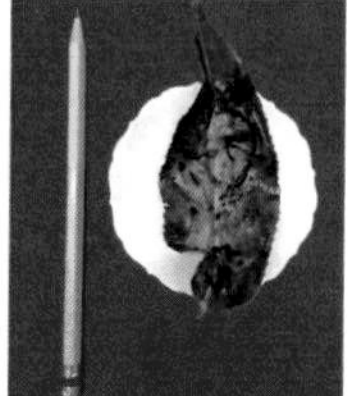

粽子形的野生茶的葉底

2. 臺灣引進的品種

(1) **青心烏龍**：屬晚芽種、小葉種，別名青心、烏龍、種仔、種茶、軟枝烏龍等。它是一個極有歷史並且被廣泛種植的品種，經中國、臺灣學者多次考察認證，於 1990 年閩臺茶葉學術研討會上，臺灣代表吳振鐸教授明確對外公布，建甌市的百年烏龍（矮腳烏龍）是臺灣烏龍珍品、凍頂烏龍的母樹。

抗日戰爭之前，全臺各個茶區都曾種植青心烏龍，種植最多時占全臺茶園面積的 40%，目前是高山茶區主要種植的品種，主要分布於嘉義縣阿里山、南投名間鄉及鹿谷鄉等地。這些茶區氣候陰冷，特別像阿里山，終年雲霧繚繞，適合此類茶樹生長。在這些地區得天獨厚的生長環境下，經過較長的生長期，青心烏龍形成了自己的特點：樹形稍小，樹姿開張，分枝密，枝條柔軟富有彈性，葉色深綠，幼芽呈紫紅色，葉齒細密銳利，只是樹勢較弱，易患枯枝病且產量低。

(2) **青心大冇**：屬於適製性極廣的中芽種，小葉種，常用的別名有青心、大冇。該品種係由茶農從文山栽培茶樹群體中採用單株育種法育成，茶樹屬無性系、灌木型，二倍體。

本品種因樹勢強、產量高且適製性廣，1953 年之後種植面積超過青心烏龍，居臺灣第一。但近年來種植面積則位居第二，主要分布於桃園、新竹、苗栗三縣。樹形稍大稍橫張形，幼芽肥大而密生茸毛，葉色呈紫紅色，葉片為狹長略呈披針形到長橢圓形，中央部位最闊，葉緣鋸齒較銳利，葉色呈暗綠色，葉肉稍厚質硬。

(3) **大葉烏龍**：屬於早生種，別名烏龍種。從福建引進，屬無性系品種，灌木型，樹形高大直立，枝條較疏，葉片大，暗綠色，呈橢圓形或近倒卵形，葉厚質硬，鋸齒較細密，幼芽肥大多茸毛呈淡紅色，樹勢強而產量中等。本品種栽培面積逐年減少，目前零星散布於汐止、七堵、深坑、

石門、瑞穗等地區。

(4) **硬枝紅心**：屬於早芽種，別名大廣紅心，是從福建引進的名種。樹形與大葉烏龍相似，產量也屬中等，葉片鋸齒較銳利，葉形呈長橢圓狀披針形，幼芽肥大且密生茸毛，呈紫紅色。目前本品種主要種植地區為臺北淡水茶區，以其製成的石門鐵觀音，外觀優異風味獨特，頗受臺灣民眾喜愛。

(5) **紅心大冇**：屬於中芽種，別名紅心，樹形稍大，生長迅速，但不及大葉烏龍、硬枝紅心等，葉形長橢圓形，葉色呈綠色，幼芽帶紅色。本品種大部分分布在新浦、北浦、竹東等鄉鎮。

(6) **黃心烏龍**：與紅心大冇相似，同屬中芽種，芽葉多茸，葉色濃綠，幼芽呈淡綠色。其製作而成的白毫烏龍白毫多，品質優良，目前主要種植在苗栗縣。

(7) **鐵觀音**：屬晚芽種，自福建安溪引進臺灣木柵試種後，呈現樹形橫張形，大體特徵同在閩南生長的鐵觀音相似。

(8) **四季春**：屬於極早芽種，小葉類，係由木柵地區茶農自行選育的地方品種，樹形中大型，枝葉及芽密生，葉形較近紡錘形，葉色淡綠，具細且銳之鋸齒，幼芽呈淡紫紅色。因萌芽期早，年採收 6 次以上，可以說一年四季都可採收，故稱為「四季春」。春茶所製茶葉具有特殊香味，採收期長，曾一度快速擴大種植面積。

臺灣種植的適製烏龍茶茶樹品種，另有武夷茶、水仙、佛手、梅占等品種，但栽植面積較小，且不普遍。

臺灣烏龍茶主要種植品種（引進）

序號	名稱	香型	原產地	主要特徵
1	青心烏龍	蘭花香、桂花香	南投鹿谷	小葉類，遲芽種
2	青心大冇	花香顯	臺北文山	無性系，灌木型，小葉類，中芽種
3	大葉烏龍	果香、黑糖香	安溪長坑	無性系，灌木型，中葉類，中芽種
4	硬枝紅心	特殊香味	基隆金山	無性系，灌木型，小葉類，早芽種
5	紅心大冇	—	—	中芽種
6	黃心烏龍	—	—	中芽種
7	鐵觀音	蘭花香	安溪、木柵	無性系，灌木型，中葉類，中芽種
8	四季春	花香顯	南投名間	小葉類，極早芽種

注：以上烏龍茶品種雖然引進自福建，但臺灣大面積種植的是變異後的新品種，所以「原產地」一欄，除大葉烏龍、鐵觀音對應的產地安溪外，其他產地均為臺灣最早種植這些茶樹品種的地方。

3. 臺灣雜交選育品種

1916 年，臺灣的茶業實驗所開始茶樹雜交育種實驗，但在「二戰」等種種因素影響下，選育工作停止，直到抗日戰爭勝利後，選育工作才繼續。1968 年，茶業試驗研究所機構調整成立為茶業改良場，積極推展選育工作。

於 1981 年選育的臺茶 12 號、臺茶 13 號皆適製烏龍茶。

(1) **臺茶 12 號**：別名金萱，以吳振鐸祖母的名字命名。早芽種，葉片中等呈橢圓形，芽密度高，茸毛短多但比青心烏龍少，樹形較大，屬橫張稍具直立型，抗旱性中等，全臺各茶區均有種植。所製造的包種茶具有獨特的奶香味，因此廣受消費者的喜愛，再加上採收期長，適合機器採摘，故栽植面積在穩定增加中。

(2) **臺茶 13 號**：別名翠玉，以吳振鐸母親的名字命名。中早

芽種，葉片較狹長，略大且厚，葉形近橢圓形，茸毛密度比 12 號略低，芽色濃暗深綠帶紫色，灌木型，樹形直立，抗病蟲害中，抗旱性中，由於滋味特殊且具強烈的花香氣，因此日漸受到歡迎，可在全臺種植。

(3) **臺茶 22 號**：臺灣茶業改良場育成的茶樹新品種，2014 年透過品種命名，取得品種權，是由青心烏龍（父本）與臺茶

12 號（母本）雜交選育出的，樹勢、樹形與臺茶 12 號近似。用其製作的春冬季輕發酵茶具濃郁花香，滋味醇厚，夏季初秋可以製成白毫烏龍，四季茶質均優於臺茶 12 號和青心烏龍。產量高、栽培容易、製成率高，口味可迎合年輕一代與國際口味，再加上春季採收期介於四季春與臺茶 12 號之間，可實行 3 個品種的相互搭配，調解茶區採青期的勞動力供應，極適合作為中海拔茶園新植與更新之用。

1974 年選育出的臺茶 5 號、6 號，1983 年的臺茶 14 號、15 號、16 號、17 號，以及 2004 年培育出的臺茶 19 號、20 號也都適製烏龍茶，但由於各種因素，它們推廣得不如臺茶 12 號和臺茶 13 號普及、廣泛。

臺灣烏龍茶主要種植品種（雜交）

序號	名稱	香型	母本 * 父本	主要特徵
1	臺茶 12 號	桂花香或牛奶香	臺農 8 號 * 硬枝紅心	無性系，灌木型，中葉類早芽種
2	臺茶 13 號	野香顯	硬枝紅心 * 臺農 80 號	無性系，灌木型，中葉類中芽種
3	臺茶 22 號	花香	臺茶 12 號 * 青心烏龍	無性系，灌木型，中葉類早芽種

第四篇

細製：烏龍茶之製

一、烏龍茶採摘

(一) 採摘標準

烏龍茶的採摘屬開面、成熟採，即待新梢生長將成熟，頂芽已成駐芽，頂葉葉片開展度達八成左右時，採下帶駐芽的兩三片嫩葉，俗稱「開面採」，有小開面、中開面、大開面。安溪鐵觀音、臺灣烏龍茶由於兼顧外形形狀，採摘偏嫩，一般採用中小開面，在駐芽頂部第一葉的面積大約相當於第二葉的 1/2 時採摘；武夷岩茶、鳳凰單叢茶重香氣和滋味，一般採用中開面或更成熟葉片，在駐芽頂部第一葉的面積大約相當於第二葉的 2/3 時採摘。

杏仁香單叢

採摘蜜蘭香單叢

烏崠山茶農晒茶

(二) 採摘季節

安溪鐵觀音、臺灣烏龍茶、廣東鳳凰單叢有春、夏、暑、秋四個採摘季節，此外，鐵觀音可在霜降後採摘「冬茶」，鳳凰單叢可在立冬至小雪期間採製「雪片茶」，臺灣包種茶適製的最佳季節是春、冬兩季，秋、夏茶次之，臺灣白毫烏龍茶最佳的適製季節是夏季。武夷岩茶只有春茶，晚秋採摘少部分茶俗稱「冬片」。

二、烏龍茶手工製作

烏龍茶的手工製作工藝，分為萎凋→搖青→炒青→揉撚→烘焙。

萎凋（晒青、涼青）：分日光萎凋和室內萎凋兩種。日光萎凋又稱晒青，讓鮮葉散發部分水分，使葉內物質適度轉化，達到適宜的發酵程度。安溪鐵觀音、臺灣烏龍茶晒青時間短、晒青程度輕，武夷岩茶、鳳凰單叢晒青時間長、晒青程度重，原則上晒到葉色暗綠、第一二葉下垂、葉梗折彎不斷。室內萎凋又稱涼青，讓鮮葉在室內涼青架上自然散失水分。

搖青：清香或球形的安溪鐵觀音、臺灣烏龍茶需經過將萎凋後的茶葉進行 3 ～ 5 次不等的搖青過程，形成烏龍茶葉底獨特的清香或花香、葉色略微有紅邊或紅點。濃香鐵觀音、武夷岩茶、鳳凰單叢要經過 7 ～ 10 次搖青，廣東稱碰青或浪青，時間 8 ～ 12 小時，使葉子在水篩上作圓周旋轉和上下跳動，葉與葉、葉與篩面碰撞摩擦，葉片邊緣細胞組織逐漸損傷而變紅，花果香顯露，達到「綠葉紅鑲邊」的效果。

炒青：炒青要求高溫，白天鍋底發白、黑夜鍋底泛紅，制止多酚氧化酶繼續氧化，防止葉子繼續變紅，使茶中的青味消退，茶香浮現。清香或球形的安溪鐵觀音、臺灣烏龍茶炒青時要多悶少拋；濃香鐵觀音、武夷岩茶、鳳凰單叢炒青時要多拋少悶。

揉撚：趁熱揉撚，快速短時，用力程度為輕、重、輕，將茶葉製成球形或條索形，形成烏龍茶的外形。清香或球形烏龍茶採用摔打機，把有紅邊紅點的炒青葉去除。安溪鐵觀音、臺灣烏龍茶多一道包揉流程造型，武夷岩茶、鳳凰單叢揉撚後直接進行乾燥。

烘焙：去除多餘水分和苦澀味，焙至茶梗手折斷脆、捏成粉末，氣味純正，使茶香高醇。烘焙分初乾、再乾兩個過程，初乾高溫、短時、薄攤，再乾低溫、長時，中間攤放使梗脈葉水分重新分布均勻。武夷岩茶還分為高低火及多次炭焙。

最後去除茶梗、黃片、碎片、茶末等，複焙、歸堆，有需要時按成品茶品質要求和毛茶品質特點進行拼配、包裝。

烏龍茶
手工製作過程

採摘
剛採摘的鮮葉
曬前
曬青
涼青時的茶葉
晾青
靜置
靜置中的茶葉
曬後
準備殺青時的發酵葉態
觀察、嗅聞發酵葉香氣
搖青
碰青
殺青（炒茶）
滾筒殺青機－
殺青中期

鳳凰單叢
製作過程

機械揉撚機
手工揉捻
揉捻後的茶葉
左為首次揉捻後的茶葉
右為再次揉捻後的茶葉
均匀篩散揉捻濕茶
初焙
烘焙
固香
茶葉分級
炭焙時所用到的工具
壓爐灰
抹爐灰
竹製焙籠
起爐火

三、烏龍茶機械製作

(一) 機製鐵觀音

儲青：從茶園採摘回來的鮮葉，要進行儲青，以便集中成批後加工成毛茶。

萎凋：使用半機械化的萎凋槽及自動萎凋機，可以降低成本，同時鮮葉水分蒸發快，萎凋均勻，克服了不良氣候對製茶品質的影響。

搖青：搖青是製造烏龍茶特有的流程，是形成烏龍茶品質香氣的關鍵性過程，使用設備有普通搖青機和無級調速搖青機。搖青機由搖籠、傳動裝置、機架和操作部件組成。

搖青過程如下：

(1) 接通電源，先試機，若運轉正常，再停機，清理搖青籠內的積葉。

(2) 裝入茶葉，依品種、等級不同，投葉量不同（一般 50 ～ 150 公斤），茶葉裝入後要抖散，裝葉量以剛好蓋過籠體軸心為宜，最後扣好進茶門。

(3) 合上閘刀開關，讓搖籠運轉。搖青時間、次數與間隔時間依氣候季節和做青程序靈活控制。

(4) 搖青結束，斷開閘刀開關，打開進茶門卸葉，掃清筒內茶葉。

無級調速搖青機尤其適於名優高級茶的作業，其使用方法與普通搖青機相同。

炒青：炒青過程是利用高溫破壞鮮葉中酶的活性，制止多酚類化合物質酶性氧化，使鮮葉內部水分蒸發，在散發青草氣發展香氣的同時使葉質變軟，為揉撚流程創造條件。一般使用液化氣炒青機和滾筒殺青機。液化氣炒青機由滾筒、傳動裝置、機架和操作部件組成，有翻炒均勻、升溫快、炒青品質好等優點。

炒青過程如下：

(1) 炒青前，對各傳動零件進行檢查，並往各潤滑點添加潤滑油。

(2) 按下啟動開關，讓主軸試運轉，打開液化氣閥門，點燃液化氣，燃火要旺、穩。

(3) 當出葉口的筒溫達到 280°C 左右，即可投葉 5 ～ 10 公斤進行炒青，開始投葉時量要多，以免產生焦葉，接著從出葉口觀察殺青情況並適當調整投葉量。

(4) 炒青結束，透過下壓操作桿將滾筒出口下壓，就可自動出茶。

(5) 炒青結束後，關閉燃氣閥，將明火熄滅，停機，清除筒內殘葉。

滾筒殺青機的工作使用方法同液化氣炒青機相似。不同的是殺青後出葉時，靠反轉筒體，茶葉沿螺旋扳出筒體後再繼續投葉殺青。

揉撚：揉撚機是用來完成茶葉初製加工中揉撚作業的機械。揉撚使葉片捲緊，利於茶葉成形，並使茶葉細胞適量破損，茶汁擠出附在葉表面，使茶葉既容易沖泡，又具有一定的耐泡性，提高飲用價值。揉撚機由揉盤裝置、揉桶裝置、加壓裝置、傳動裝置和機架構成。

揉撚過程如下：

(1) 揉撚開始前，先清理揉盤及揉桶內的殘餘物，檢查各部分螺栓是否緊固。

(2) 轉動手輪，開啟揉桶壓蓋，按揉撚機投葉量裝葉，切勿過多或過少，否則會影響揉撚品質。

(3) 關閉揉桶壓蓋，按揉撚工藝所需時間（烏龍茶需 3 ～ 4 分鐘）和加壓壓力（輕壓 0.5 分鐘—重壓 1 分鐘—輕壓 0.5 分鐘—重壓 2 分鐘—松壓出茶）進行揉撚。

(4) 揉撚完後，開啟茶門閂，讓揉桶繼續運轉數轉，待茶葉落出茶門後，停機，打開揉桶壓蓋，清掃殘留茶葉，最後關閉出茶門，進入下一次作業。

烘焙：烏龍茶的烘乾需與包揉結合，反覆多次進行。烘乾機利於茶葉水分蒸發，使茶葉內含物發生熱反應，發展其特有的香氣，並可固定茶葉外形和色澤，縮小體積。

烘乾機是由烘箱底架、旋轉裝置、傳動裝置、熱風裝置組成。

速包：速包是茶葉包揉前的製茶流程，代替了繁重的人工包揉作業，具有電動緊袋和包揉作用，可提高數倍的工效，而且加工製作的茶葉可成珠形或半珠形顆粒狀，外形美觀，經久耐泡。

速包機由成形手柄、傳動裝置、電氣控制系統及四粒成形立輥組成。

包揉：包揉是烏龍茶外形製作的特有流程。包揉機是根據包揉的工藝要求（保溫、透氣、縮小體積、相互間搓揉擠出茶汁），模仿人工包揉原理製造生產的，其包揉工效比手工包揉提高近二十倍，並能使茶葉條索緊結，美觀耐泡。

包揉機由傳動裝置、上下揉盤、升降加壓裝置、機架組成。

鬆包：烏龍茶經過包揉的流程後，條索常結成團狀，有的成為緊實的茶塊，鬆包、篩末多用機，可使茶團或茶塊快速（1 ～ 1.5 分鐘）均勻地解散。

鬆包機由滾筒、操作桿、傳動機構、機架組成。

總之，傳統操作生產茶葉過程花工多，成本高，使名優茶的機械化生產受到制約。機械的使用，是發展名優烏龍茶機械化生產的一個有效途徑，它不僅可以滿足名優茶機械化生產的需求，而且為名優茶產品的規格化、標準化、商品化提供可靠的保證。

精製：烏龍茶精製分為手工作業和機械化作業兩種方式。機械化作業因廠、因設備不同而有差別，故精製方法主要有三種：多級拼配付製，單級收回；定級付製，主產品收回；單級付製，單級收回。現將多級拼配付製、單級收回的精製工藝簡述如下。

烏龍茶精製工藝分投料、篩分、風選、揀剔、打堆、烘焙、攤涼、勻堆、裝箱九道流程。

（1）投料

根據原料拼配方案付投。付投時，注意檢測毛茶水分。

毛茶含水量超過 8% ～ 9%，不易篩製，須經複火乾燥後再製。含水量合適可直接篩製，時產控制在 0.9 ～ 1 噸。

（2）篩分

篩分是整理毛茶形狀和淘汰劣異。毛茶先經滾筒篩機初分大小，然後再經平面圓篩機分離成各篩號茶，使各號茶的外形相近似。

（3）風選

經篩分處理後形成的各篩號茶及篩頭茶，分別進入風選機進行風選，從六個出口產生出砂頭茶、正茶、子口茶、副子口茶、草毛和輕片。砂頭茶經墜沙處理，正茶進入下道流程，子口茶及副子口茶再經手揀分成重質片和輕質片。達到正茶中沒有輕片，輕片中不含草毛。

（4）揀剔

揀剔包括機械揀剔和手工揀剔。主要是除去粗老畸形的茶條並揀出茶子、茶梗。經篩分處理後的中、上段茶，先經 73 型揀梗機揀剔後，再經階段式揀梗機或靜電揀梗機揀梗，產生出正茶及一號梗、二號梗等。正茶及三口茶再經手工揀剔後，做到「三清一淨」，即茶中的梗、片、雜物清，地下茶淨，這樣就可進入下一道流程。

（5）打堆

根據小樣拼配比例的要求，將各篩號茶按比例打堆，每堆數量 500 公斤左右。

（6）烘焙

烘焙是烏龍茶形成獨特滋味的關鍵。其一般火功的要求是：低溫慢焙，高級茶溫度宜低，時間宜短；低級茶溫度宜高，時間宜長。

（7）攤涼

經烘焙後的茶葉，溫度達

60℃～80℃，須經冷風機進行冷卻，然後進入拼配堆房攤涼，使茶葉滋味更醇。

（8）勻堆

經冷卻後的茶葉分別進入粗、中、細三個堆房，透過測算粗中細三號茶的配比，把結果輸入電腦，電腦將得到的資料經處理後傳到電子皮帶秤上的壓力感測器及測速器上，從而達到均勻混合的目的。

（9）裝箱

勻堆後的茶葉經手工揀剔非茶類雜物及檢測碎茶的含量後，過磅裝箱，即成為商品茶。

（二）機製岩茶

武夷岩茶機械製法由六道流程組成，即萎凋、做青、炒青、揉撚、乾燥、精製加工，主要技術要點如下：

萎凋：有日光萎凋（晒青）和加溫萎凋兩種。晒青青葉放在棉布、穀席上，薄攤，使葉子均勻接受陽光的照射，總歷時30～60分鐘不等。加溫萎凋是用綜合做青機的鼓風機使熱空氣透過葉層，促進葉片水分的蒸發。

做青：吹風、搖青、靜置，反覆多次。根據不同品種的不同特徵，需搖青5～10次，歷時6～12小時。做青變化：青氣→清香→花香→果香，葉面綠色→葉面綠黃→葉緣紅邊漸現→葉緣朱砂紅，呈湯匙狀，三紅七綠。

炒青：滾筒式殺青機（110型或90型），筒溫220℃以上。時間6～10分鐘，高溫快炒、透悶結合。

揉撚：趁熱揉撚，熱揉快揉短揉，先輕壓後重壓，老葉重壓嫩葉輕壓，中途減壓1～2次，全過程6～10分鐘。

乾燥：分初乾和複乾，一般用自動鏈式烘乾機。揉撚葉均勻抖散在烘乾機的傳送帶上，攤葉厚度1～2公分，初乾溫度130℃～140℃。中間攤放使梗葉水分重新均勻分布，再行

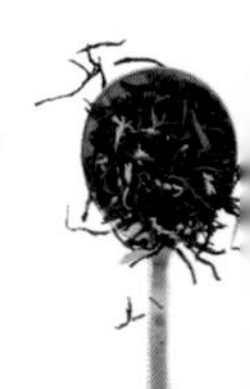

複乾。複乾溫度 110℃～ 120℃。乾燥後的茶葉稱毛茶。

精製加工：審評、篩分、風選、揀剔、烘焙、拼配、勻堆裝箱，精製後稱成品茶。

（三）機製鳳凰單叢

殺青：目前，機械殺青在鳳凰茶區已廣泛應用，製茶能手不用打開殺青鍋門，只貼近鍋旁嗅聞氣味，即可判斷殺青適度的出鍋時間。如鍋溫太低，成茶香氣不清高，味濁青澀。鳳凰單叢茶的炒青做法是：先悶一下再揚炒，後悶炒（注意炒勻，炒透），即利用短時高溫以悶炒為主，防止過多透炒。茶青炒至有黏手感，枝條不折斷，無青臭味，一握成團為適度，便可進行揉撚。

機揉：機揉，目前採用雙動揉撚機，轉速 50 ～ 60 轉 / 分，每桶裝葉 4 ～ 6 公斤，揉 6 ～ 8 分鐘，中間解塊 1 ～ 2 次，直至成條索。機揉應注意加壓適當，壓力太重，碎片茶增多，茶湯混濁，滋味苦澀，成茶也不耐沖泡；壓力太輕，茶湯色淺味淡，均不符合品質要求。揉撚進行時間的長短，應視炒青葉的投放量、製茶季節及葉片老嫩程度等而定。

機械烘焙：機械烘焙過程中，會使用到焙櫥和烘焙機。

(1) 焙櫥。又稱熱風焙茶櫥，包括爐體和焙櫥。現在多採用鍍鋅鐵皮彎製，焙櫥烘焙產量高，烘焙成本低，被廣泛應用，幾乎每戶茶農家裡都配置，但在規格上因場地情況會有大小不同。

(2) 烘焙機。採用茶葉自動烘焙機，以電力作能源，烘焙原理類似於焙櫥，機體方形，內設移動篩架，篩架可擱置 12 層或 16 層焙篩。烘焙時先設定好烘機溫度，再將待烘茶胚均勻薄攤在篩子上，放入篩架，把篩架推進烘焙機烘焙。烘焙機更常用於複焙和足火，一般農戶比較少使用。

精製：

(1) 看茶焙茶

第一次將初製茶葉烘乾，經過審評之後，需要對初製茶進行分級，再將分級後的茶葉按品種級別進行歸堆，依據茶葉各自的特點進行複焙，做到「看茶焙茶」，比較好的茶葉一般可採用低溫多焙的方式，多次烘焙精製，彌補成茶的不足，如走水、提香、固香、醇化、退火。也可以依據不同烘焙時間和方式進行適當的修整，如採用烘焙和燉火處理。

(2) 拼配

拼配根據不同的需求和不同堆茶葉的不同等級的風格、香型、滋味、韻味、花香等進行分配，需求涉及茶葉成本和風格，可以採用不同的比例拼配形成不同的品味。拼配過程中，無韻補韻，無香補香，水硬化水，無味補增味。拼配是一種藝術，如調香師調香一樣，目的是保證產品品質的標準化與穩定性。

(3) 提升茶葉品質

透過複焙和燉火處理，對單叢茶品質形成具有獨特的作用和效果，表現為：

① 降低茶湯苦澀味，提高茶湯甘醇度。

② 茶湯的香氣、鮮爽味等品質成分得以提高。

③ 能使茶葉出現特有的油亮光澤。

複烘火溫宜低，烘籠上要加蓋，以免香氣散失。烘焙過程中要及時翻拌、堅持薄焙，多次烘乾，促使茶葉色澤和香氣、滋味綜合顯優。

(四) 機製臺灣烏龍茶

1. 烏龍茶初製

臺灣烏龍茶是半發酵類的茶葉，在收集茶青後一般茶葉的製作步驟是：萎凋→做青→殺青→揉撚→乾燥→初製茶。各種臺灣烏龍茶的製作流程如下：

臺灣條形文山包種茶：日光萎凋

或熱風萎凋（萎凋失重8%～12%）→室內萎凋及搖青（發酵程度8%～10%）→炒青→揉撚→初乾或初焙→再乾或複焙。

臺灣半球形包種茶：日光萎凋或熱風萎凋（萎凋失重8%～12%）→室內萎凋及搖青（發酵程度15%～25%）→炒青→揉撚→初乾或初焙→熱團揉及複炒3～5回→再乾或複焙。

臺灣球形包種茶：日光萎凋或熱風萎凋（萎凋失重8%～12%）→室內萎凋及搖青（發酵程度15%～25%）→炒青→揉撚→初乾→反覆包布焙揉→解塊→再乾→揀剔→烘焙。

臺灣白毫烏龍茶：日光萎凋或熱風萎凋（萎凋失重25%～30%）→室內萎凋及搖青（發酵程度50%～60%）→炒青→溼巾包覆回軟→揉撚→解塊→乾燥。

白毫烏龍是臺灣特有的茶，其特殊的一道流程就是溼巾包覆回軟，過程簡述如下：茶葉炒青後即用浸過乾淨水的溼布包住，悶置10～20分鐘，待茶葉回軟無刺手感，這樣不僅易揉撚成形，也可以避免茶芽、茶葉被揉碎。使用乾燥機乾燥白毫烏龍茶時要注意溫度控制在80℃～90℃，如果像乾燥半球形烏龍茶一樣將乾燥溫度維持在100℃～120℃，則會使白毫烏龍茶帶上火味，降低品質等級。

臺灣烏龍茶很少進行全程手工製作，在茶廠設施方面機械化、電子化程度較高，值得一提的是日光萎凋和室內萎凋的設施科學先進，能有效控制批量茶青的溫度、失水率。製茶間乾淨整潔，室內萎凋間配有冷氣、暖氣、除溼機、加溼機，可以在各種氣候條件下按需使用。中獎

2. 烏龍茶精製

臺灣烏龍茶完成初製後，一般都會再經過一道精製的烘焙程序，然後成為消費者購買的成品茶。利用烘焙的火候改善茶葉的香氣和滋味，除去青臭味，減輕澀味，並使茶湯水色明

亮清澄。根據焙火的程度不同可分為鮮香、清香、蜜香、甘蔗香、炒米香、燒烤香和竹炭香等香型。

考慮到衛生因素，再加上揀梗成本高和臺式烏龍裡茶梗含有豐富的內含物，所以臺灣烏龍茶基本不揀梗。

值得一提的是，考慮到茶葉易吸水、易吸味等因素，臺灣烏龍茶在包裝出售時，包裝罐內會放上乾燥劑。

茶青簍
符合標準的茶青
日光萎凋
萎凋車間
室內萎凋間右側放置除濕機
室內萎凋
人工攪拌
殺青
殺青中

用布包揉台灣烏龍茶

揉捻

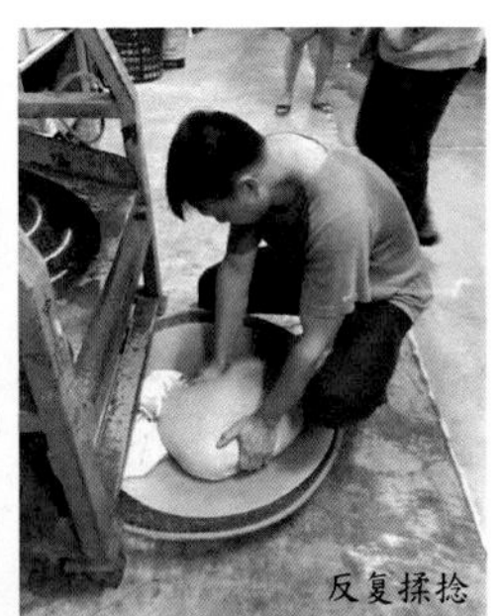
反复揉捻

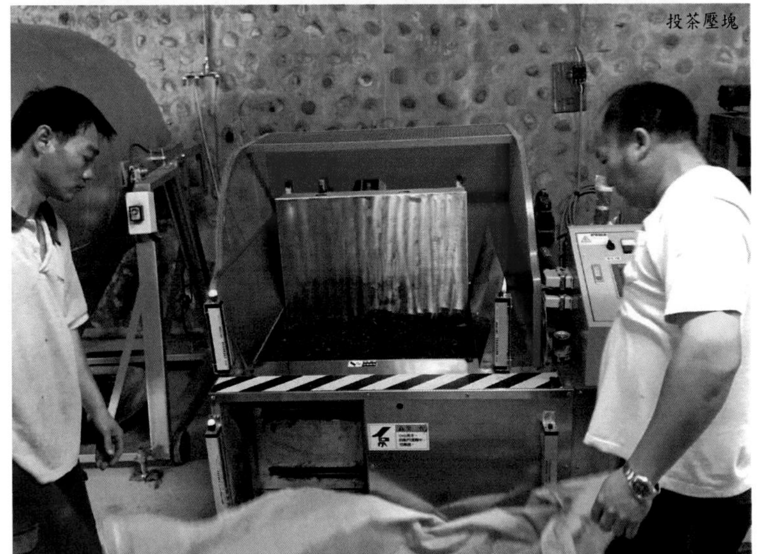
投茶壓塊

壓塊

解塊

烘乾

臺灣烏龍茶製作過程

加工廠全貌

室外遮陽網

萎凋車間

物流通道

臺灣烏龍茶製茶設備

臺灣烏龍茶製茶設備

第五篇

心賞：烏龍茶之賞

一、閩南烏龍茶鑑賞

安溪鐵觀音作為閩南烏龍茶的代表，與其他烏龍茶相比，顯現出不同的品質特徵。不同季節之茶，其品質特徵有一定的差別。高山茶與平地茶，新茶與陳茶、假茶等的鑑別，是茶人必須掌握的一項基本知識。而對成品茶、半成品茶進行水分和碎末的檢驗，又是準確評定茶葉品質的一個重要環節。

安溪茶農透過長期的生產實踐，在品種的觀察、鑑定和選育方面累積了豐富的經驗，不斷地在群體品種中發現和選育諸多不同的烏龍茶品種。1984 年 11 月，中國茶樹良種審定委員會對中國茶樹良種進行評審，審定 30 個國家級良種，其中安溪鐵觀音、黃旦、本山、毛蟹、大葉烏龍、梅占 6 個品種榜上有名。1986 年以後，佛手、杏仁茶、鳳園春、水仙、八仙茶也先後被確定為福建省茶樹良種。至 1990 年，經茶業部門徵集，原產於安溪的茶樹共有 44 個品種，其中不少品種是中國名、優、特、稀品種和適宜製作烏龍茶的王牌品種。至 1999 年，安溪茶農又選育和培植了 10 個新的茶樹品種，使品種總數達 54 個。安溪被譽為「茶樹的良種寶庫」。

（一）鐵觀音

外形：條索肥壯，緊結或圓緊，結實沉重，枝身圓，梗皮紅亮，枝心硬，枝頭皮整齊，俗稱「腰鼓筷」，葉柄寬肥厚，如「粽葉蒂」。葉大都向葉背捲起，色澤烏潤，砂綠明顯，紅點鮮豔，稱為「名膠色」（烏潤），「香蕉色」（翠綠），「芙蓉色」（咖啡鹼昇華而滯留葉表呈粉白色）。

內質：香氣濃馥持久，音韻明顯，帶有生人參味或花生仁味、椰香味，並帶蘭花香或桂花香；滋味醇厚鮮爽，回甘，稍帶甜蜜味或水果酸甜味；湯色金黃、橙黃；葉底肥厚，柔軟，黃綠色，紅點、紅邊鮮明，葉面光亮，帶波浪狀，稱為「綢緞面」，葉橢圓形，葉齒粗深，葉尖略鈍，葉脈肥化，少量葉子葉上部葉脈向左歪，葉柄肥壯，葉底有餘香，耐沖泡。

注：長葉觀音：有部分鐵觀音品種，由於多代扦插等無性繁殖方法或土質、氣候、管理等原因，葉形為略長的橢圓形，葉張稍薄，葉脈稍細，香氣高強，但茶韻稍輕，被稱為「長葉鐵觀音」，仍為觀音品種。

(二) 本山

外形：條索稍肥壯，結實，略沉重，枝身整齊，枝頭皮結實，枝尾部稍大，枝骨細，紅亮，稱「竹仔枝」，色澤烏潤，具青蒂、綠腹、紅點現的「三節色」或香蕉色，砂綠較細。

內質：香氣高強持久，略似觀音香味，但韻輕淡，滋味鮮爽醇厚，帶回甘，水色橙黃、清黃，葉底葉張略小稍長，橢圓形，葉比鐵觀音薄，葉尾稍尖，主脈略細稍浮白。

注：壯樅本山仿似老樅觀音，但音韻輕，砂綠細。

(三) 黃旦（黃金桂）

外形：條索細長尖梭，稍鬆弛，體態輕飄，梗枝細小，色澤黃楠色、翠黃綠色或赤黃綠色，帶有黃色光澤，稱為「黃、細、薄」。

內質：「香、奇、鮮」，香氣高而芬芳，優雅奇特，似梔子花、桂花和梨香的混合香氣；滋味清醇鮮爽，細而長，有回甘，適口提神；湯色清黃，葉底黃綠色，紅邊尚鮮紅，葉張倒披針形，少量略呈倒卵形，葉薄葉齒淺，葉脈浮現。

注：部分黃旦，葉略圓厚，色綠黃，條結實，香氣較低，但滋味醇厚。

老傳統工藝葉底，綠葉紅鑲邊

（四）毛蟹

外形：條索結實，彎曲，螺旋狀，枝頭網形，頭大尾尖，枝頭皮少量不整齊，芽部有白毫顯露，稱為「白心尾」，色澤烏綠色，稍帶光澤，砂綠細而不明顯。

內質：香氣高而清爽，清花味，或似茉莉花香，滋味清純微厚，湯色清黃，葉底葉張橢圓形，葉齒深、密、銳，且如鋸齒向下鉤，似「鸚鵡嘴」，葉底葉脈主根稍浮，葉略薄，綠黃色，紅邊尚明。

（五）大葉烏龍

外形：條索肥壯、結實、沉重，梗壯枝長，葉蒂稍粗，梗身曲節，枝皮微紫，色澤烏綠稍潤，砂綠粗帶燥。

內質：香氣高長、清純，似梔子花味，或混合焦糖香味，滋味濃醇，微甘鮮，湯色清黃，葉底肥厚，葉脈略明，葉面光滑，葉長橢圓形，部分呈倒卵形。

（六）梅占

外形：條索肥壯緊結，葉形長大，枝壯節長，稍褐紅色，色澤烏綠，微烏潤，紅點明顯，砂綠粗帶燥。

內質：香氣粗濃，帶香線味或帶青辛味，滋味濃厚欠醇和，湯色橙

黃、深黃或清紅色，葉底葉身粗條稍挺，葉柄長、

葉蒂寬、葉脈肥，葉長順尖，葉齒淺銳。

（七）杏仁茶

杏仁茶又稱「清水岩茶」。

外形：條形較緊結，略沉重，色澤烏綠色。

內質：香氣較高長，有杏仁味，滋味清爽稍鮮，水色清黃，葉底長橢圓形，略厚，葉脈明顯。

（八）鳳園春

外形：肥壯緊結、色澤烏綠有鮮紅點，砂綠明顯。

內質：香氣高長，有蘭花香，滋味醇厚鮮爽，音韻輕，湯色金黃、橙黃，葉底橢圓形，肥厚軟亮，主脈肥化，葉柄寬厚。

（九）佛手

佛手俗稱香櫞種、紅芽佛手。

外形：條索特別壯，圓結，如牡蠣乾形狀，葉張主脈大，帶褐紅色，枝梗細小而光滑，色澤褐綠、烏綠，稍帶光澤。

內質：香氣清馥，稍帶香櫞味，滋味醇和甘鮮，湯色橙黃、深黃或清紅色，葉底軟亮黃綠，葉張圓潤，略薄，如香櫞形，波狀明顯，葉脈歪而浮凸。

（十）水仙

外形：條索肥壯長大，葉柄長，枝梗大而稍肥，有稜角，枝皮黃褐色，色澤烏綠帶黃，也稱黃寬扁，砂綠粗亮，帶有「三節色」。

內質：香氣清高細長，稍似水仙花味或棕葉味，滋味清純細長略鮮爽，湯色深黃或清黃，葉底肥厚軟亮，葉長稍呈波狀，葉蒂潤，葉齒稀深。

(十一) 奇蘭

外形：條索細瘦，稍沉重，有的稍尖梭，葉蒂小、葉肩窄，枝身較細，少量枝頭皮不整齊，色澤黃綠色、烏綠色，微烏潤，砂綠細沉不明顯。

內質：香氣清高，似蘭花香，有奇香，有的似杏仁味，滋味清醇，稍帶甘鮮，水色橙黃或清黃，葉底葉脈浮白，葉身頭尾尖如梭形，葉面清秀。

奇蘭可細分為多個品種，除上述一般性狀外，還可細分為如下不同的品種特徵：

① 竹葉奇蘭：香氣高長帶線香味，條索細長，枝頭皮略不整齊，葉底葉張長橢圓形。

② 慢奇蘭：條索稍結實，稍沉重，葉圓小，節間短，色澤褐綠色，香氣稍長似棗味。

③ 金面奇蘭：似杏仁味，葉底葉面油滑有光澤。

④ 赤葉奇蘭：條索稍長，色澤帶赤黃綠色，香高長似蘭花味，滋味清醇。

⑤ 白奇蘭：外形色澤帶黃綠色，香氣似蘭花味，滋味醇和稍淡，葉底柔薄黃綠。

此外，還有青心奇蘭、黃奇蘭、早奇蘭等品種。

(十二) 烏旦

外形：條形較緊結，稍細長，色澤烏黃綠潤。

內質：香氣清高持久，滋味略醇厚鮮爽，湯色金黃、清黃，葉底稍厚，黃綠色，橢圓形或長倒卵形。

(十三) 桃仁（烏桃仁）

外形：條索結實，略沉重，枝梗整齊光滑，枝彎曲處帶皺節，色澤烏綠潤，砂綠細稀，不明顯。

內質：香氣高稍強，似桃仁味，滋味醇和稍厚，湯色清黃或深黃，葉底軟亮，橢圓形，葉扁大，葉面稍有波狀，葉脈明顯，葉蒂尚闊。

注：白桃仁，色澤稍黃綠色，葉張略薄，其他特徵與烏桃仁相似。

（十四）白茶

外形：條索緊結略長，色澤黃綠。

內質：香氣清長，湯色清黃，滋味醇和略鮮爽，葉底黃綠。

（十五）肉桂

外形：條索細小緊結，枝梗短細，色澤烏綠潤。

內質：香氣清長，微帶生薑味或肉桂味、桂皮香，滋味醇和細長，帶鮮爽感，湯色清黃或淺黃，葉底枝細葉小，橢圓略有波紋，葉脈浮，葉齒細淺。

（十六）雪梨

雪梨俗稱「毛猴」。

外形：條索結實稍瘦，芽毫顯露（稱門心尾），枝圓頭大尾尖，色澤烏綠略潤，砂綠略明顯。

內質：香氣高長，帶雪梨香味，滋味清醇鮮爽，湯色清黃、淺黃，葉底軟亮，葉張橢圓形，葉略厚，枝較細，葉齒粗深銳。

二、武夷岩茶鑑賞

（一）大紅袍

武夷山大紅袍被譽為「茶中之王」，居武夷岩茶「名叢」之首，享譽海內外。大紅袍品質優異的形成離不開得天獨厚的地理環境，其生長在武夷山九龍窠岩石峭壁上，這裡日照短，多反射光，晝夜溫差大，岩頂終年有細泉浸潤流淌。

大紅袍特徵：茶葉外形條索緊結壯實稍扭曲，色澤褐綠、潤、帶寶色，湯色橙黃至橙紅，清澈亮麗，滋味醇厚回甘岩韻明顯，杯底有餘香，香氣銳濃而悠長，耐泡，葉底軟亮勻齊，帶砂色或具紅綠相間的綠葉紅鑲邊，用手捏有綢緞般的質感。陳茶湯色更紅豔。

（二）水仙

水仙是武夷岩茶的一個當家品種。武夷山景區由於其得天獨厚的自然環境，促使水仙品質更加優異。水仙茶樹樹冠高大，葉寬而厚，成茶外形肥壯緊結有寶光色，沖泡後帶蘭花香，濃郁醇厚，湯色深橙，耐沖泡，葉底黃亮帶朱砂邊，為武夷岩茶中的傳統珍品。

水仙有數百年的栽培歷史，目前是武夷岩茶中產量最高、流行最廣的品種之一。水仙是大葉型品種，茶葉條索粗壯肥碩，芳香悠長，香濃而不膩，淡而幽雅，香醇持久，極為耐泡。根據加工工藝分為輕火水仙、中火水仙、足火水仙等，根據採茶季節分為春茶水仙和冬片水仙兩種，因求品質，一般只作春茶，冬茶產量較低。

據說水仙品種原產於福建建陽水吉的祝仙洞，約在光緒年間傳入武夷山，發現栽培至今約有一百多年的歷史，是武夷山岩茶栽培面積最多的品種之一，幾乎遍布武夷山所有的茶場。但在眾多的山場中，以三坑兩澗的正岩水仙品質最佳，其次為景區內的水仙，外山的茶場的水仙也能製出優良品質。

春茶水仙：從外形上看，水仙易於辨別，其茶葉條索肥碩曲長，長短較均勻，有蜻蜓頭。色澤呈青黑褐色，烏綠、潤、帶寶光。茶湯淡者金黃，深者橙黃如琥珀色。茶味味醇鮮活，香氣醇厚，入口甘爽且回甘快。葉底肥厚軟亮，色澤均勻，綠葉紅邊，葉背常現沙粒狀（蛤蟆皮）。輕火和中火的水仙不宜長年久放，高足火放置時間可稍長些。因為茶性在不斷變化，時間越長，香氣越弱，但茶湯仍會醇和。為保證品質，儲藏條件尤其重要，需密封、乾燥保存。

冬片水仙：湯色較淺，通常做成清香型，與春茶水仙相比，味略薄，香氣清鮮。茶葉條索肥碩曲長、青黑褐色、烏綠、潤、帶寶光。葉底色澤均勻，綠葉紅邊，軟亮，葉背常現沙粒狀（蛤蟆皮）。

老樅水仙：茶樹枝幹上青苔明顯，有「樅味」，即腐木味、棕葉味、青苔味。

老樅茶樹兜

（三）肉桂

肉桂的香氣滋味似桂皮香。肉桂雖是近年才出名，但長期以來位於武夷名叢之列，有悠久的歷史，清代的蔣衡茶歌中就提起過它。肉桂產於武夷山境內著名的風景區，最早是武夷山慧苑坑的一個名叢，另一說是肉桂原產在馬枕峰。在 1940 年代初期，肉桂雖已引起人們的注意，但由於當時栽培管理不善，樹勢衰弱，未得以

重視和繁育。從 1960 年代初期起，由於在單叢採製中對其優異的品質特徵有新的認識，武夷肉桂才逐漸開始繁育並擴大栽種面積。透過多次反覆的品質鑑定，至 1970 年代初該品種高產優質的特性才被肯定，逐漸得到更多茶人的肯定和青睞。現肉桂種植區已發展到武夷山的水簾洞、三仰峰、馬頭岩、桂林岩、天遊岩、仙掌岩、響聲岩、百花岩、竹窠、碧石、九龍窠等地，肉桂已成為武夷岩茶中的主要品種之一，如牛欄坑肉桂叫「牛肉」、馬頭岩肉桂叫「馬肉」等。

肉桂外形條索勻整捲曲，色澤褐祿，油潤有光，茶葉嗅之有甜香，沖泡後茶湯具桂皮香，入口醇厚回甘，咽後齒頰留香，茶湯橙黃清澈，葉底勻亮，呈淡綠底紅鑲邊，沖泡六七次仍有「岩韻」的肉桂香。

(四) 四大名叢

1. 白雞冠

白雞冠是武夷山四大名叢之一，是僅見的發生葉色變化的品種。茶樹新芽呈嫩黃色，葉片為淡綠色，而綠葉邊上有的帶有白色覆輪邊，有的在葉面上有不規則的白色斑塊，這種葉面顏色的變化，使白雞冠更加珍奇。

從外形上看，白雞冠條索緊實細長，色澤黃褐中泛紅，色彩豐富，在岩茶諸多名叢中最為豔美。湯色橙黃明亮，滋味清醇甘鮮。葉底呈淡黃色，紅邊豔麗而明亮，在岩茶中極為少見，增加了觀賞性。此茶火功不高，獨顯清甜柔媚的女性之美，與「岩骨花香」特色不同。

2. 鐵羅漢

鐵羅漢是武夷傳統四大珍貴名叢之一。鐵羅漢不僅名字有厚實感，滋味更有厚度。鐵羅漢的原產地，一說是慧苑岩的內鬼洞（蜂窠坑），又一說為竹窠岩。

從外形上看，茶葉條索粗壯緊結勻整，色澤烏褐油潤有光澤，呈鐵色皮帶老霜（蛤蟆背）。湯色明澈濃豔，滋味濃厚帶甘，香氣馥郁。葉底軟亮勻齊，葉肥軟，綠葉紅鑲邊，紅邊帶朱砂色。

若以白雞冠作為一種女性的陰柔之美，那麼鐵羅漢恰恰展示出一種男子的陽剛之氣。

3. 水金龜

茶葉色澤綠褐，條索勻整，烏潤略帶白砂，具有「三節色」，是一款火功不錯的岩茶。湯色橙紅，晶瑩剔透。初聞蓋香，便覺一股水蜜桃的香氣沁人心脾；口感滑順甘潤，滋味鮮活。三四泡後水蜜桃香減弱而乳香漸顯，兩種香型相互轉化，七八泡後，則完全變為乳香。根據加工技術不同，水金龜的香型還會有蠟梅香、蘭花香等等。葉底非常鮮嫩軟亮，紅邊明顯。

4. 半天妖

半天妖原產於武夷山三花峰絕對崖上，1980 年代後擴大栽培。目前，主要分布在武夷山內山之中。

從外形上看，半天妖條索緊結，茶葉色澤青褐。湯色呈黃、略偏紅色。香氣高爽，滋味濃醇甘鮮，有水中香。葉底軟亮，紅邊明顯，呈三紅七綠狀。

半天妖的特徵在武夷山岩茶的名叢裡不明顯，既無鐵羅漢的厚重，也無白雞冠的柔媚，更沒有水金龜的珍奇。

三、潮州烏龍茶鑑賞

（一）宋茶

宋茶位於海拔高度 1,150 公尺的烏崠管區李仔坪村的茶園裡，生長在坐西南朝東北的山坡上，是南宋末年村民李氏經選育後傳至今天，故得名。該樹因種奇、香異、樹老，名字也多變。初因葉形宛如團樹之葉，稱為團樹葉。後經李氏精心培育，葉形比同類諸茶之葉稍橢圓而闊大，又稱大葉香。1946 年，鳳凰有一僑商於安南（今稱越南）開一茶行，銷售這一單叢茶時，以其生長環境之稀有、茶味香的特點，將其取名為「岩上珍」。1956 年，經烏崠村生產合作社精工炒製後，仔細品嘗茶中帶有梔子花香，遂更名為「黃枝香」。1958 年，鳳凰公社製茶四大能手帶該成品茶往福建武夷山交流，用名為「宋種單叢茶」。1959 年，「大躍進」時期，為李仔坪村民兵連高產試驗茶，故又稱「豐產茶」。1969 年春，因「文革」之風改為「東方紅」。

2008 年 5 月的宋茶

大庵宋種2號

1980年，農村生產體制改革後，此茶落實村民文振南管理，遂恢復宋種單叢茶之名，簡稱宋茶。1990年，因樹齡高、產量高、經濟效益高而為世人美稱為「老茶王」。同年10月30日在中國茶葉優質、高產、高效益經驗交流會上，來自17省市的80多位代表觀賞該樹，讚嘆不已，「老茶王」之名當之無愧。

該樹齡達700年，樹高5.8公尺，樹姿半開張，樹冠6.5公尺×6.8公尺。1963年春，採摘青葉70多斤，製成茶葉17.8斤，為歷史最高產量。其茶品具有「四絕（形美、色翠、味甘、香鬱）」的特點，深受人們歡迎，因而馳名古今中外，實為烏崠山一寶。

品質特點：宋茶從屬於黃枝香型，內質香氣濃郁，花香明顯，湯色金黃，滋味甘醇，回甘強，老叢韻味突出，葉底軟亮，綠腹紅邊。

(二) 宋種2號

宋種2號，又名宋種仔單叢。係烏崠管區中心寅村的老宋茶大草棚單叢（1928年枯死）自然雜交的後代，故得名。生長於海拔高度950公尺的鳳凰大庵村村後的茶園裡，在坐西南

朝東北的山坡上。該茶樹自 1660—1952 年為鳳凰太平寺的固定財產。

該樹齡 347 年，樹高 5.56 公尺，樹姿開張，樹冠 5.6 公尺 ×6.5 公尺，主幹因客土後栽植較深，不明顯，接近地面有六大分枝，分枝密度中等。葉片上斜狀著生，葉形長橢圓，葉面平滑，葉色深綠有光澤，葉質中等，葉身平展，葉尖鈍尖，葉緣微波狀。育芽能力較強。春芽萌發期在春分，春茶採摘期在穀雨後，發芽密度較密，芽色淺綠，有少量茸毛。盛花期在 11 月中旬，果實多為 2 粒。

品質特點：宋種 2 號屬黃枝香型，條索緊捲、壯直，色澤黑褐油潤。具有橘子花香，香氣高銳，湯色橙黃明亮，滋味醇厚鮮爽，山韻味濃且持久，回甘強，耐泡。

大庵宋種二代單叢茶茶葉

大庵宋種二代單叢茶茶湯

大庵宋種二代單叢葉底

(三) 棕蓑挾單叢

棕蓑挾單叢，又名通天香、一代天驕、主席茶。

傳說 150 多年前的一天，烏崠村中心寅村三姑娘採茶期間，驟雨傾盆而至。她使用防雨具棕蓑包挾茶籃，保護採摘下的茶葉，回家後精工製作出形、色、香、味俱佳的單叢茶，賣了一個好價錢。她心靈手巧製作出好茶，博得人們的稱讚，故成品茶和該茶樹得名「棕蓑挾」。1952 年，烏崠楚地厝村人文永集領到土改隊分給他的茶園和山林，其中就有「棕蓑挾」單叢。1955 年春茶季節，他把「棕蓑挾」的鮮葉精工製作成茶，茶香十分濃郁，故稱「通天香」。

品質特點：棕蓑挾單叢屬黃枝香型。內質香氣高銳，花香明顯，湯色橙黃明亮，滋味甘醇爽適，回甘強，葉底軟亮帶紅鑲邊。

黃枝香單叢茶葉

黃枝香單叢茶湯

黃枝香單叢葉底

（四）八仙單叢

八仙，原名八仙過海。其名的由來是：1898年烏崠李仔坪村茶農從去仔寮村（1956年改名埡後村），取回大烏葉單叢的枝條進行扦插，經精心培育，成活8株茶苗，分別栽種在不同地理條件的茶園裡。這8株茶樹長大後，除樹形有差異外，其他都保持了原母樹的優良種性，因而被稱為「去仔寮」種。1958年鳳凰茶葉收購站站長尤炳回等一行人視察這8株「去仔寮」種。茶農介紹，這8株茶樹在同一季節、同一時間採摘，製出來的品質一模一樣。尤同志聽後，感慨地說：「猶如八仙過海，各顯神通一樣。」故此，改「去仔寮」種為八仙過海，後簡稱為八仙單叢。

八仙茶樹

品質特點：八仙單叢茶屬芝蘭香型。內質香氣高銳，濃郁持久，蘭香顯露愉悅，湯色金黃明亮，滋味醇厚鮮爽微甜，韻味獨特，香味相融，味中含香，回甘強，葉底軟亮帶紅鑲邊。

八仙單叢茶茶葉

八仙單叢茶茶湯

八仙單叢茶葉底

（五）雞籠刊單叢

雞籠刊單叢，因樹姿形態似農家牢雞之籠（「刊」俗話為圍罩、關牢之意），故得名。母樹生長在海拔高度 831 公尺的鳳西管區中坪村的茶園裡。是管理戶張世民的先祖從鳳凰水仙群體品種的自然雜交後代中單株培育出來的，據說樹齡有 300 多年。

茶樹特點：樹高 4.87 公尺。開張的樹姿宛如雞籠之形，樹冠 5 公尺 ×2.1 公尺，分枝密度較疏。葉片上斜狀著生，葉形長橢圓，葉尖漸尖，尖端下垂或彎曲。葉面微隆，葉身平展，葉質硬脆，葉色深綠，主脈明顯，葉齒細、淺、利，葉緣微波狀。在春分後萌發，春茶採摘期在穀雨前後。盛花期在 11 月下旬，花量少，果實內含 2 ～ 3 籽。

雞籠刊

品質特點：雞籠刊單叢茶屬芝蘭香型。內質香氣清高悠長，蘭香高雅，湯色金黃明亮，滋味醇厚爽滑，韻味濃厚，葉底軟亮帶紅鑲邊。

芝蘭香單叢茶茶葉

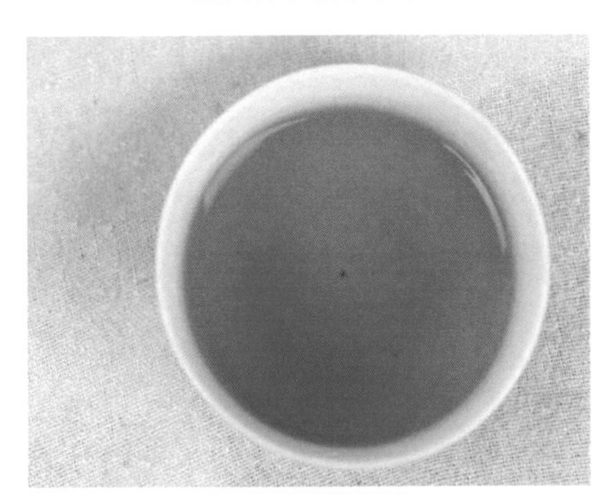

芝蘭香單叢茶湯

芝蘭香單叢葉底

（六）嶺頭白葉單叢

嶺頭白葉單叢，因葉色淺綠（茶農俗稱為白）而得名。又因成茶具有蜜味和蘭花香，又稱為蜜蘭香。

現記錄的白葉單叢茶樹是 1989 年栽種的。樹高 1.47 公尺，樹姿開張，樹冠 1.12 公尺 ×1.07 公尺。製烏龍茶，品質特優，有「微花濃蜜」的茶韻，滋味醇爽回甘，湯色橙黃明亮；製紅茶、綠茶滋味濃郁，香氣特高，有特殊香味。扦插繁殖能力強。

品質特點：嶺頭白葉單叢茶屬蜜香型，成茶條索緊捲、壯直、碩大，呈鱔魚色，油潤。初製茶具有自然的玉蘭花香，湯色橙黃明亮;精製茶蜜味濃，滋味濃醇帶有蘋果香味，湯色金黃明亮，耐泡。如果在碰青過程中，偶爾碰到氣溫、溼度驟變或者人為的作用，成茶會變成黃枝香型。

蜜蘭香單叢葉底

四、臺灣烏龍茶鑑賞

臺灣烏龍茶品種多樣，以品種、製作方法和地域為考慮因素，文山包種茶、凍頂烏龍茶、高山烏龍茶、木柵鐵觀音、東方美人茶等幾種茶深受歡迎。

(一) 文山包種茶

適製品種以青心烏龍最優，四季春、臺茶 12 號（金萱）、臺茶 13 號（翠玉），臺茶 14 號（白文）等品種亦佳。黃心烏龍、臺茶 5 號、青心大冇、紅心大冇、大葉烏龍、紅心烏龍和硬枝紅心等品種次之。

文山包種茶屬輕萎凋輕發酵茶類，不論是加工層次，還是加工手法，製茶師傅都是小心翼翼，輕手輕腳，讓文山包種茶大部分的成分未被氧化，使其風味介於綠茶與凍頂烏龍茶之間。包種茶盛產於臺灣北部的新北市和桃園等縣，包括文山、南港、新店、坪林、石碇、深坑、汐止等茶區。以文山包種茶為最佳，南港包種茶次之。第一次品嘗優質的文山包種，往往會因為其特殊風味而留下深刻的第一印象。

茶外觀：呈條索狀，色澤墨綠，泡開後嫩葉金邊隱存，葉片上帶有似青蛙皮的灰白點色澤。

茶湯色：蜜綠鮮豔帶金色，以亮麗的綠黃色為佳。茶滋味：味醇鮮活，入口生津，喉韻持久。

茶香氣：香氣是評價文山包種茶品質好壞的重要指標，花香明顯，優雅清揚。

包種茶茶葉

包種茶茶湯

包種茶葉底

（二）凍頂烏龍茶、高山烏龍茶

適製品種以凍頂烏龍茶最優，臺茶 12 號、臺茶 13 號、臺茶 14 號等品種亦佳。

高山烏龍茶主產於南投縣和嘉義縣，其茶葉具有高香、濃味的「高山茶的特徵」；而凍頂烏龍位於南投縣鹿谷，是臺灣炭焙烏龍茶最有名氣、產地最大的茶種，臺灣茶業界素有「北包種、南凍頂」的說法。高山烏龍茶和凍頂烏龍茶的區別主要在於茶樹所處海拔高度不同，製茶方法和成品品質的呈現則大同小異，只是高山烏龍茶的整體品質要優於凍頂烏龍茶。

茶外觀：葉形如半球形狀；以色澤翠綠、茸毛多，節間長，鮮嫩度好且條索肥碩、緊結，白毫顯露為佳；葉色黃綠少光。以「茶葉綠、湯色金黃明亮、葉底綠」，茶底柔軟，深受消費者青睞。

茶湯色：金黃色，澄清明亮見底，帶油光。

茶滋味：滋味濃醇，嫩香回甘，富活性且有喉韻，耐沖泡。

茶香氣：幽雅花香突出且高揚、持久。

(三) 木柵鐵觀音

適製品種有鐵觀音茶樹，也有武夷、梅占等品種。

好的茶青、好的製茶師傅做出的木柵鐵觀音，最大的特色是帶有一種明顯的韻味，稱「觀音韻」，是用鐵觀音茶種，配合長時間炭火烘焙，火香與茶香結合形成的特有風味。

茶外觀：以條索捲曲壯結呈球狀為佳，葉顯白霜，色澤墨綠帶黃為上品。

茶湯色：未經焙火或輕焙的呈黃色至橙紅，中焙火或重焙火的呈橙紅至棕紅，茶湯色澤明亮可見杯底，茶湯表面則有油亮般的光澤。

茶滋味：味濃而醇厚，微澀中帶甘潤，喉韻強，並有醇和的弱果酸味，經多次沖泡仍芳香甘醇而有回韻。

茶香氣：呈蘭花香、桂花香、熟果香味與蜜糖香，香氣濃郁持久。每個茶農做出的茶葉各具特色，從熟香、冷香到黏杯香，極富變化。

臺灣高山茶茶葉

宜蘭平地茶園的陳年鐵觀音

臺灣鐵觀音茶葉

(四) 東方美人茶

適製品種以青心大冇、青心烏龍、白毛猴、臺茶 5 號、臺茶 17 號（白鷺）、硬枝紅心等為佳，臺茶 12 號、大葉烏龍、紅心大冇與黃心烏龍等品種次之。

因其茶芽白毫顯著，得名白毫烏龍茶。又因其售價高達一般茶價的 13 倍，也稱椪風茶、膨風茶（閩南語及客家語中的膨風、椪風就是吹牛，此處意指價格虛高）。因其外銷英國後，從外形到其特殊的蜜香果味大受肯定，又被稱為東方美人茶、臺灣香檳。其茶大部分生長在新竹峨眉鄉、北埔鄉、橫山鄉及竹東鎮一帶和苗栗的頭屋、頭份、寶山、老田寮、三灣一帶，桃園龍潭等地亦有部分生產，其中以新竹東方美人茶的品質為最優。

茶外觀：以白毫肥大，枝葉連理，葉部呈白、紅、黃、綠、褐相間，顏色鮮豔者為上品。

茶湯色：呈琥珀色，以明亮豔麗橙紅色為佳。

茶滋味：圓柔醇厚，入口滋味濃厚，甘醇而不生澀，過喉滑順生津，口中回味甘醇。

茶香氣：聞之有天然熟果香、蜜糖香、芬芳怡人者為貴。

東方美人茶湯

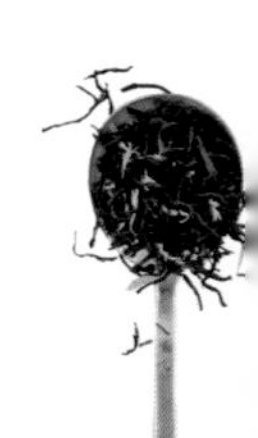

第六篇

工夫：烏龍茶之沖泡

一、烏龍茶茶具

（一）現代工夫茶具

對於沖泡烏龍茶來說，瓷質茶具以白為宜。其優點在於方便觀賞茶湯色澤；形制上以小蓋碗為宜，以便刮沫出湯，觀察葉底。紫砂以俗稱「一把抓」的小壺為宜，其特點是透氣、保溫、保味。天寒時可置掌中把玩，以增加品茶情趣。

烏龍茶的沖泡，最宜用工夫茶沖泡法，因此最宜使用工夫茶具。工夫茶具的最基本組合如下：

茶壺或蓋碗

用於沖泡茶葉，可備大中小三款。大款容量200毫升以上，供多人

飲用；中款容量100～200毫升，可供4～6人飲用；小款容量100毫升以下，供2～3人飲用。一般情況下，中小兩款足矣。

小茶盅

用於品飲。可備3～8個。多為半圓形，大小如雞蛋，故又稱為「蛋殼盅」。也有形若倒放竹笠狀、鐘狀的。

公道杯

又稱茶海。用於盛容茶湯、分茶用。狀如稍大杯子，一端有開口溝，用於注湯。

茶盤

又稱茶托。用於置放茶具，並裝盛洗茶水、剩餘茶湯之用。

抹布

用於隨時擦拭桌上的茶漬和漏水。

隨手泡

燒開水用。目前市場上常見的多為電熱式和電磁式。也有以酒精為燃料的。至於傳統的炭爐，則極罕見。

傳統工夫茶洗，一正二副

其他器具

有用於取茶葉的茶匙，用於夾茶盅的茶鑷，用於清理茶底的茶刮等，可備亦可省略。

因地域習俗原因，工夫茶具有數種形式。一是潮州式：傳統的潮州工夫茶具，一般需備一把紫砂壺、三個杯，以「孟臣罐，若琛杯」為佳。三個淺盤，一個放（罐）壺，一個放杯，一個裝茶底廢水。另需一水壺。燒水則用紅泥炭爐，以橄欖欖炭為佳（但現在多以電隨手泡替代）。二是臺灣式：其最大特點是除必備壺、杯外，每個茶杯均配一小圓筒狀的「聞香杯」，以及一個放置茶杯的小盤。三是閩南式：介於潮州式與臺灣式之間。多用德化白瓷蓋碗沖泡，組合較為自由。

目前市場上所見的工夫茶具，多為配套出售，當然也有單獨出售的，級別高低不一。一般來說，選擇工夫茶具，首在實用，次在美觀。外形以簡樸雅致為佳，不宜形制太繁、顏色

茶具

太豔。壺則注意出水通暢，不可漏水；杯則注意內壁白淨，放置平穩；電隨手泡則注意要能自動調控溫度，以免沸騰過度。級別高低則視各人愛好及經濟狀況，量力而行。總之，要沖泡好烏龍茶，就要本著「工欲善其事，必先利其器」的原則，用一點心思，選擇好一套適合使用的茶具。

(二) 簡易茶具

對於許多初飲烏龍茶的消費者來說，最簡單的工夫茶具也許都會讓他們覺得太複雜。此外，對於大多數城市白領上班族來說，由於生活節奏緊張，或者上班制度約束，事實上沒有可能在辦公室裡擺上一套工夫茶具，慢慢地來泡茶的。但這並不意味著因此就不能泡工夫茶了。其實，使用簡易茶具也是可以泡好茶的。

現在市面上簡易茶具很多，比較常見的有：

三才杯

這種杯子就是普通直筒茶杯中加配一個過濾網。多為瓷質，也有紫砂質、玻璃質的。

飄逸杯

這種杯子是臺灣人發明的，外觀時尚。基本樣式與三才杯一樣，直筒狀，加一個篩檢程序。不同的只是以鋼化玻璃作材料，篩檢程序上加上一個鋼珠控水設施。茶葉置於過濾杯中，泡好後按一下控水鈕，泡好的茶湯便流入杯中，倒出品飲即可。

過濾壺

這種壺相對來說較大，圓球狀，不鏽鋼、玻璃組合或塑膠、玻璃組合。近年來也有陶瓷質的。內有一鐵絲過濾網，適合多人飲用。將茶葉放壺內過濾網中，沖下沸水，數分鐘後即可出湯，倒入小杯中供主客齊飲。選擇這種壺時需注意最好用不鏽鋼質或瓷質的，特別要注意的是過濾網，一定要用優質不鏽鋼所製。一些廉價壺中的過濾網是鐵質的，極易生鏽，不宜泡茶。

二、閩南烏龍茶沖泡

閩南烏龍茶的沖泡與品飲十分講究。平常泡飲以蓋杯沖泡為主，北方人習慣以紫砂壺或瓷壺沖泡。

(一) 茶甌的沖泡與品飲

清具

沖泡烏龍茶要採用高熱沖泡法，因而在泡茶前，先將沸水注滿茶甌，再用茶夾將茶杯逐個夾入茶甌中燙洗，並對茶海、溼漏勺等也淋洗一番，這樣不僅可以保持茶具的清潔，還可提高茶具的熱度，使茶葉沖泡後的溫度相對穩定。

置茶

市場上銷售的茶甌的大小一般有三種規格。大的可注水 150 毫升，中的可注水 110 毫升，小的僅 80 毫升。茶葉的用量，因人而異，可根據個人的飲茶習慣而增減。一般來講，大的茶甌可置茶 10 克，小的為 5 克。安溪人使用較多的是容量為 110 毫升的茶甌，一般置入 7 克茶葉。

熱茶

提取開水沖入置茶的茶甌中，立即將水倒出，既可洗去茶葉中的浮塵，又可提高茶葉的溫度，有利於沖泡出茶葉的本質。

沖泡

提取剛煮沸的開水（100℃），順勢沖入置茶的茶甌中（茶藝表演追求藝術美感，故採用懸壺高沖法，使茶葉隨開水在杯中旋轉，而生活中並不提倡，它會使水溫降低，不利於沖泡出茶葉本質），直至水滿甌沿，用蓋刮去泡沫，再沖去蓋上的泡沫，順勢蓋上甌蓋。第一道沖泡時間約為 2 分鐘，由於茶葉的緊結度、老嫩度不同，故沖泡時間不能強求一致，安溪人沖泡鐵觀音時第一道的掌握度一般為：待茶甌沿上的水吸入蓋下時，沖泡的時間就到了。

品質好的烏龍茶，泡十餘次還有餘味，但沖泡的時間隨著次數的增加，要相對延長，使每次茶湯的濃度基本一致，便於品飲鑑賞。

聞香

手持茶甌的蓋聞香。聞香時應深吸氣，整個鼻腔的感覺神經可以辨別香味的高低和不同的香型。

斟茶

茶甌的斟茶方法與泡茶一樣講究。標準的方法是，拇指、中指扣住甌沿（如扣在甌壁將會燙手），食指按住甌蓋的鈕並斜推甌蓋，使蓋與杯留出一些空隙，再將茶湯沖入茶海中（將茶湯倒入茶海而不直接倒入小茶杯中，追求的是茶湯濃淡的一致）。如果將茶湯直接倒入小茶杯中，則講究低走回轉式分茶，稱為「關公巡城」。注意要將茶甌中的最後幾滴茶湯全部倒出，稱為「韓信點兵」。

敬茶

將置於茶海中的茶湯依次倒入小茶杯中，敬奉予客人品飲。如敬奉第二道茶，要重新洗杯。

品飲

品飲烏龍茶時，要眼端詳細觀其色，鼻輕吸先聞其香，嘴微開品飲其味，口輕含再嘗其韻，喉徐咽細怡其情，渾然忘我，如入仙境，以期達到精神上的昇華。

品飲烏龍茶的能力需經過反覆的實踐才能提高，直至精通。要經常與有經驗的茶友交流，也可以透過多泡茶葉的同時沖泡，細心比較，從而加快提高品茶能力，靈敏地感受不同茶葉的風韻。

（二）紫砂壺的沖泡程序

溫壺

取開水沖淋茶壺，提高茶壺的溫度。

置茶

置茶的常用量一般為 7 克，如茶壺的容量較大，可以適當增加。

潤茶

注入沸水，短時間內將壺內的水倒出，使茶葉吸收溫度和溼度，呈含苞待放的狀況。

沖泡

對壺注入滾燙的開水，沖水後要抹去茶壺上湧起的泡沫，蓋好壺蓋後還要在壺外重淋開水加溫。時間一般亦為 2 分鐘，然後將茶湯倒出。

倒茶與品飲

方法與茶甌相同。

三、武夷岩茶沖泡

武夷岩茶是閩北烏龍茶的代表，適合用蓋碗和紫砂壺沖泡。

(一) 武夷岩茶的生活泡法

武夷岩茶的沖泡，別具一格。「杯小如胡桃，壺小如掾，每斟無一兩，上口不忍遂咽，先嗅其香，再試其味，徐徐咀嚼而體貼之。」開湯第二泡，茶味才顯露。茶湯的氣自口吸入，從咽喉經鼻孔呼出，連續三次，所謂「三口氣」，即可鑑別岩茶上品的氣。更有上者「七泡有餘香」。武夷岩茶香氣馥郁，勝似蘭花而深沉持久，滋味濃醇清活，生津回甘，雖濃飲而不見苦澀。茶條壯結、勻整，色澤青褐潤亮呈「寶光」。葉面呈蛙皮狀沙粒白點，俗稱「蛤蟆背」。泡湯後葉底「綠葉鑲紅邊」，呈三分紅七分綠。

沖泡流程：準備烏龍茶器具—燒水—溫杯—投茶—沖水—刮沫（或淋壺）—出水—分茶—奉茶—品茶—重複多次（沖水—出水—分茶—品茶）。

品鑑程序：賞茶，聞香，觀湯色，品味，看葉底。

茶具

在泡茶所使用的器具上紫砂和白瓷為好，其中以白瓷蓋碗最為實用，價廉物美易清洗，容器大小以 110 毫升最為理想，適合獨飲或與二三好友共品。

擇水

選用飲水機或選購一套淨水系統，泡茶頻率不是很高的茶友可以將淨化物放入隨手杯或熱水瓶中，以解決身處都市的茶友喝茶用水潔淨度與軟硬度的問題。

投茶量

投茶量與個人的口感有關，不好一概而論，投茶量參考值為 110 毫升的蓋碗裡放 5 ～ 10 克岩茶，可以根據個人口感做相應的調整，找出最適合自己的投茶量。

水溫

岩茶的沖泡溫度要達到 100℃，如果是用隨手杯，可以開到手動檔，水沸再沖泡，水溫對岩茶的影響最大。

沖泡技巧

岩茶的沖泡講究的是高沖水低斟茶，目的是為了讓所投的岩茶充分浸泡；每泡茶出水一定要徹底，不留尾水，否則留下的茶湯會影響下一泡的茶湯。

浸泡時間

頭泡洗茶的出水要快，這一泡的浸泡時間不宜超過 10 秒，5 秒內出水為佳，否則就會對岩茶香氣的表現產生不良的影響。不同品種的岩茶浸泡時間不同，通常清香型岩茶不適合長時間的浸泡，一般前 4 泡的浸泡時

間不宜超過 30 秒；熟香型岩茶的浸泡時間可以略長一些，但也不要超過 60 秒。這裡所說的是日常生活中的沖泡時間，與審評時的要求不同，請勿套用。

武夷岩茶的沖泡，第一泡注水畢，可輕放杯蓋；第二泡後，可挪用杯蓋，輕壓茶面，催促茶湯「出味」。只是這種泡法，必須是熟稔蓋杯者，才能泡得順手，才能泡出岩韻。同時，把蓋杯給茶友聞，聞時應有兩段聞法：初聞茶，再聞韻。勤加練習聞茶香，熟能生巧，一聞就知道其茶種的製法及烘焙火度，這也是泡茶的基本功。使用蓋杯泡茶，在泡完最後一泡時，應聞茶渣。武夷岩茶茶渣的葉形、葉面亮度，都關係到茶質。不妨多多嗅聞，在餘香和水味兩者之間，找出對味關係。好的岩茶渣冷卻後，仍會散出冷香，就像空穀飄來的涼意，叫聞茶者心涼脾開；反之，焙火重的，若不是岩茶而是洲茶，冷香不足，有時水味會壓過香味。

武夷岩茶重點是聞香、品味，聞香是透過鑑賞乾香、蓋香、水香和底

香來綜合品鑑武夷岩茶的香氣，品味主要是品其滋味的純正度、醇厚度、持久性、品種特徵、地域特徵和工藝特徵以及不同的品質風格。

(二) 武夷岩茶審評泡法

武夷岩茶審評分乾評外形和溼評內質。使用 110 毫升鐘形杯和審評碗，沖泡用茶量為 5 克，茶與水比例為 1 ： 22。審評順序：外形 —— 香氣 —— 湯色 —— 滋味 —— 葉底。從外形上看，武夷岩茶以茶葉條索粗壯、色砂綠為佳。內質是更為重要的審評內容，具體審評步驟如下：先燙熱杯碗，稱茶 5 克，置 110 毫升鐘形杯中，注入沸水，旋即用杯蓋刮去液面上的泡沫，加蓋，1 分鐘後揭蓋嗅其蓋香，評茶之香氣；2 分鐘後將茶倒入碗中，評其湯色和滋味，並嗅其茶香。再注滿沸水沖泡第二次，2 分鐘後，揭蓋嗅其香，對照第一次蓋香的濃度與持久度；3 分鐘後，將茶湯倒入碗中，再評湯色和滋味，並嗅其葉底香氣。接著第三次注入沸水，3 分鐘後嗅其蓋香，5 分鐘後將茶湯倒入碗中，評其湯色滋味和葉底香氣。最後將葉底倒入葉底盤或杯蓋中評其葉底，並用清水漂洗，評其葉底老嫩軟硬和色澤，以及是否具有綠葉紅鑲邊外觀。

岩茶審評以內質香氣和滋味為主，其次才是外形和葉底，湯色僅作參考。評香氣是主要分辨香型、細粗、銳鈍、高低、長短等。以花香或果香細銳、高長的為優，粗鈍低短的為次。湯色有深淺、明暗、清濁之別，以橙黃清澈的為好，橙紅帶濁的為差。滋味以濃厚、濃醇、鮮爽回甘者為優，粗淡、粗澀者為次。葉底比厚薄、軟硬、勻整、色澤、做青程度等，葉張完整、柔軟、厚實、色澤明亮的為好，葉底單薄、粗硬、紅點暗紅的為差。

第六篇　工夫：烏龍茶之沖泡

四、潮州工夫茶沖泡

在潮州飲食文化中，工夫茶可以同潮州菜比肩齊名。許多外地人是在潮州菜桌上見識了潮汕工夫茶的，不管是因為口味不合而淺嘗輒止，還是津津有味地慢品細呷，這一小盞酣香的熱茶，總會給他們留下深深的印象。不過，飯桌上的工夫茶，並沒有給你潮州工夫茶的全貌。潮州工夫茶在中國茶藝之林一枝秀出，在於它的用器精細，沖飲程序講究，能夠將烏龍茶釅香的特色淋漓盡致地展現出來。工夫茶是潮汕人最喜好的飲品，幾乎家家戶戶都備有一副茶具。茶船上，三隻晶瑩的小白瓷杯，一個白瓷茶甌或者一把紫砂陶壺，在裝飾豪華的客廳裡不失其典雅精美；豆棚下蓮缸邊，配上一張小木桌和幾張竹椅子，更顯得素雅。或家人閒聚，或賓客登門，沏上一泡烏龍茶，殷勤道一聲「食茶」，一種親切融洽的感覺，便漫上心頭。潮州工夫茶中，充滿著敬愛和諧的文化精神，是一種雅俗共賞的生活藝術。

潮州「工夫茶」名字首次在史料中出現，是在清代俞蛟的《潮嘉風月·工夫茶》一書中，書中記載如下：工夫茶，烹治之法，本諸陸羽《茶經》，而器具更為精緻。爐形如截筒，高約一尺二三寸，以細白泥為之。壺出宜興窯者最佳，圓體扁腹，努嘴曲柄，大者可受半升許。杯盤則花瓷居多，內外杯盤則花瓷居多，內外寫山水人物，極工致，類非近代物壺、盤與杯，舊而佳者，貴如拱璧，尋常舟中不易得也寫山水人物，極工致，類非近代物，然無款志，製自何許年，不能考也。爐及壺、盤各一，惟杯之數，則視客之多寡。杯水而盤如滿月。此外尚有瓦鐺、棕墊、紙扇、竹夾，製皆樸雅。壺、盤與杯，舊而佳者，貴如拱璧，尋常舟中不

易得也。先將泉水注入鐺中，用細炭煮到初沸，投閩茶於壺內沖之，蓋定，複遍澆其上，然後斟而細呷之。氣味芳烈，較嚼梅花更為清絕，非拇戰轟飲者得領其味。

杯盤側花瓷居多，內外寫山水人物，極工致，類非近代物

壺、盤與杯，舅而佳者，貴如拱璧，尋常舟中不易得也

2015 年 2 月，中國《潮州工夫茶技術沖泡規程》標準正式發布，其中關於「潮州工夫茶藝」的解釋是：「選用烏龍茶類和特定材質的沖泡器具及其配套材料，有著獨特考究的烹泡程序，具有『和、敬、精、樂』的精神內涵。自明代以來，它是流傳並保存於潮州府中心區域及其周邊地區和海內外潮人日常生活中不可或缺的一種傳統飲食文化習俗。」

(一) 潮州工夫茶茶具

傳統的潮州工夫茶具有十多種，有所謂「四寶、八寶、十二寶」之說。普遍講究的是四寶：白泥小砂鍋(古稱砂銚銚，雅名玉書碨)、紅泥小炭爐（風爐、烘爐)、宜興紫砂小茶壺或本地產楓溪朱泥壺（俗名沖罐、蘇罐)、白瓷小茶杯（景德青花瓷若琛杯或楓溪白令杯)。此四件，除紫砂壺為宜興產最佳外，餘三件以潮汕產為佳，都有昔時文人著文稱譽。

潮人所用茶具，大體相同，唯精粗有別而已。常用器皿有：

茶壺

俗名沖罐，以江蘇宜興朱砂泥製者為佳。最受潮人看重的是「孟臣」、「鐵畫」、「秋圃」、「萼圃」、「小山」、「袁熙生」等。

潮州朱泥手拉壺的生產歷史可以追溯到清代中期。楓溪有個叫吳儒珍的人，是仿製孟臣壺的名家，壺底多刻有「孟臣」、「逸公」或「萼圃」印記，說明他是要以假亂真的，因此，他被戲稱為吳孟臣。其所製壺，也有蓋「儒珍」或「懷德儒珍」印記者，因製作精巧，儒珍壺在潮汕及華僑中很有聲譽。吳儒珍的後代子孫源興炳記、源興河記、墨緣齋景堂及今年輕一代的吳瑞全、吳瑞深等人，他們既精仿古，又善創新，尤擅製小巧袖珍壺，作品不斷推陳出新。

今手拉坯壺製壺名家以「俊合號世系」的謝華和「源興號世系」的吳瑞深、吳端全以及「安順號世系」的章燕明、章燕城為代表，他們製作的朱泥手拉壺沖泡單叢茶效果最佳。

用手拉朱泥壺泡茶，色香皆蘊，發茶性好，透氣性也好，泡完茶，把壺中水分滴盡，茶葉在壺中存放近十天後，茶葉仍能發出香氣。手拉朱泥壺打磨時間越久的，壺面的光澤越是漂亮。泥料越好，發茶性越好、用好泥料製把好壺，這是每個製壺人都知道的。潮汕人認為最佳的，是用朱泥壺來泡茶。只有知道泥料與發茶性的

「源興號」第四代傳人吳瑞全製作的傳統實用水平朱砂壺

「源興號」第四代傳人吳瑞全製作的異型朱砂壺

朱砂橄欖壺

關係，才能回歸到壺以茶為本的原點，在潮州工夫茶藝生活中，這種看起來簡單、質樸實用的朱泥壺，是最適宜沖泡鳳凰茶的。

壺之採用，宜小不宜大，宜淺不宜深。其大小之分，視飲茶人數而定，有二人罐、三人罐、四人罐等之別。壺之深淺關係氣味：淺能釀味，能留香，不蓄水。若去蓋後壺浮於水中，不頗不側，謂之「水平」，能顯示製工精巧均衡。去蓋覆壺，流口、壺嘴、提柄上緣皆平而成一直線，謂之「三山齊」，也屬品質上乘之代表。

茶甌

形如仰鐘，而上有蓋，下有茶墊。茶甌本為官宦之家供客自斟自啜之器，因有出水快、去渣易之優點，潮人也樂意採用，尤其是遇到客多稍忙的場合，往往用它代罐。但因茶甌口闊，不易留香，故屬權宜用之，不視為常規。即便如此，其納茶之法，仍與納罐相同，不能馬虎從事。

茶杯

茶杯以若琛杯為佳，白地藍花，底平口闊，杯背書「若琛珍藏」四字。還有精美小杯，直徑不足一寸，質薄如紙，色潔如玉，稱「白玉杯」。不薄不能起香，不潔不能襯色。目前流行的白玉杯為楓溪產，質地極佳，分兩種：寒天用的，口邊不外向；夏天用的杯口微外向，俗稱反口杯，端茶時不太燙手。此種白玉杯，有「小、淺、薄、白、圓」的特點，有白如玉、薄如紙之譽。

四季用杯，各有區別：春宜「牛目杯」，夏宜「栗子杯」，秋宜「荷葉杯」，冬宜「仰鐘杯」。杯宜小宜淺，小則一啜而盡，淺則水不留底。

若琛杯

茶洗

翁輝東《潮州茶經》中說「茶洗形如大碗，深淺式樣甚多。貴重窯產，價也昂貴。烹茶之家，必備三個，一正二副，正洗用以浸茶杯，副洗一以浸沖罐，一以儲茶渣及杯盤棄水。」新型的茶洗，上層就是一個茶盤，可陳放幾個茶杯，洗杯後的棄水直接傾入大盤中，通過中間小孔流入下層中間，烹茶事畢，加以洗滌後，茶杯、茶甌（沖罐）等可放入茶洗內，一物而兼有茶

盤及三個老式茶洗的功能，簡便無比，又不占用太多空間，所以家家必備，而且被當成禮品饋贈遠方來客。因近數十年來，合茶洗茶盤於一體的各款茶船普遍面世，方便實用美觀，茶洗逐漸被淡忘、淘汰。

新型茶船

茶盤

茶盤宜寬宜平，寬則可容四杯，有圓如滿月者，有方如棋枰者；盤底欲平，邊緣欲淺，則杯立平穩，取用方便。

茶墊

形狀如盤而小，用以放置沖罐、承受沸湯。茶墊式樣較多，依時各取所需：夏日宜淺，冬日宜深，深則多容沸湯，利於保溫。茶墊之底，托以「墊氈」，墊氈用秋瓜絡，其優點是無異味，且不滯水。目前，因茶家多採用茶船，操作時將沖罐置於上層茶盤，因此茶墊遂省。

水瓶

水瓶儲水以備烹茶。瓶之造型，以長頸垂肩，平底，有提柄，素瓷青花者為佳品。另有一種形似蘿蔔樽，束頸有咀，飾以螭龍圖案，名「螭龍樽」，俗稱「錢龍樽」，屬青瓷類，同為茶家所重。

水缽

多為瓷製，款式亦繁。置茶几上，用以儲水，並配椰瓢取水。有明代製造之水缽，用五金釉，缽底畫金魚二尾，水動則金魚游躍，誠稀世奇珍。

龍缸

龍缸容量大，托以木几，置齋舍之側。素瓷青花，氣色盎然。宣德年間所製最佳，康熙、乾隆年間所產也屬珍品。

紅泥火爐

紅泥火爐，高六七寸。另有一種「高腳爐」，高二尺餘，下半部有格，可盛橄欖炭。這類火爐，儘管高低有別，但都通風束火，作業甚便。說到潮汕紅泥小炭爐，在清初已傳名。清初與梁佩蘭、屈大均合稱「嶺南三大家」的詩人陳恭尹有一首詠潮州茶具的五律〈茶灶〉：「白灶青鐺子，潮州來者精。潔宜居近坐，小亦利隨行。就隙邀風勢，添泉戰水聲。尋常飢渴外，多也養浮生。」白灶，即白泥製作的小炭爐，上引俞蛟所記的「以細白泥為之」的截筒形茶爐，大概就是此種。

砂銚

清代學者震鈞在其著作《天咫偶聞》卷八〈茶說〉中談到茶具，說：「器之要者，以銚（小砂鍋）居首，然最難得佳者。……今粵東小口瓷腹極佳。蓋口不宜寬，恐泄茶味。北方砂銚，症正座此。故以白泥銚為茶之上佐。凡用新銚，以飯汁煮一二次，

以去土氣，愈久愈佳。」潮州楓溪附近所產砂銚，嘴小流短、底闊略平、柄稍長，身周及蓋有仿古葵花筋紋，外刷一層白陶釉，油光鋥亮，造型古樸穩重，比起震鈞當年所見，更加實用且美觀。砂銚除了白泥的，還有紅泥的，還刻有書畫，與紅泥配套甚是出色。可惜當地匠工書畫雕刻水準不及宜興匠工，故藝術精品尚少。

砂銚煮水

羽扇

翁輝東《潮州茶經》中說：「羽扇用以搧爐。潮安金砂陳氏有自製羽扇，揀淨白鵝翎為之，其大如掌，竹柄絲緝，柄長二尺，形態精雅。」用白鵝翎製作羽扇，自然好看。舞臺上諸葛亮所搖的是大羽扇，潮汕雅人烹茶扇爐用的是小羽扇。平常所用以灰色的鵝鴨羽扇為多。

銅筷

翁輝東說:「爐旁必備銅箸一對,以為鉗炭挑火之用,烹茗家所不可少。」舊時夾炭用鐵箸多,銅箸是高要求,也有用小鐵鉗的。

錫罐

名貴之茶,須用名罐儲藏。潮陽顏家所製錫罐,罐口密閉,最享盛名。如茶葉品種繁多,錫罐數量也要與之對應,做到專茶專罐存放,避免混雜。有烹茶之家,珍藏大小錫罐竟達數十個之多。

茶巾

用以淨滌器皿。

竹箸

翁輝東著述中說:「竹箸,用以挑茶渣。」這種用以挑茶渣的竹箸,常是茶人利用竹箸,將箸尾削細削尖,以利操作。隨著近年專用夾茶渣的木挾、竹挾和角挾的出現,舊式竹箸也就被淘汰了。

茶几

或稱茶桌,用以擺設茶具。

茶櫥、茶擔

以前潮汕的雅人在喝茶的花園雅室祠堂書齋,常陳設有博古架和茶櫥。茶櫥比長衫櫥小,多單扇門,上下多層,外飾金漆畫和金漆木雕,內放珍貴茶具和茶葉。茶擔是一對可供挑擔出外的茶櫃,內部多層,一頭放茶壺杯盤、茶葉、茶料和書畫;一頭放風爐、木炭、風扇、炭箸、水瓶。雅人要登山涉水、上樓臺、下船艇去盡雅興,茶僮就挑著這種擔子跟隨。1950 年代,汕頭還有這種茶櫥、茶擔生產出口。潮州市和豐順縣的博物館內,還各保存有一副精美茶擔,讓人們了解過去潮汕茶人雅士喝茶的風氣,其配套物件都很精緻。

上等工夫茶具共以上十八種,飲茶之家,必須一一俱備,方可稱得上

「工夫」二字。

（二）泡出一杯好茶

1. 選茶

潮人獨鍾愛烏龍茶，尤其是鳳凰單叢茶、嶺頭單叢茶、福建安溪鐵觀音、武夷岩茶，最受青睞。

2. 選水

(1) 擇水

山水分等級，「山頂泉輕清，山下泉重濁，石泉清甘，沙中泉清洌，土中泉渾厚；流動者良，負陰者勝，山削泉寡，山秀泉神」，選擇竹園、竹林所在地的山泉水最好。江水應取遠離居民區者、清澈不受汙染。井水應從常用井中汲取，現代井水多有不用。

日常飲用的比較多的是瓶裝水和過濾水，但這些水對泡茶來說並不是最佳的選擇。

(2) 養水

「養水」的方式：用水晶砂、河砂、活性炭置於陶缸內，裝上水，蓋上一層紗布以防止灰塵進入，讓陽光照射。這樣可以提升水質。

若需要使用自來水的過濾水，最好取本山地的石頭置於水中，也可以產生「養水」的作用。《煎茶水記》中寫道：

「夫烹茶於所產地，無不佳也，蓋水土之宜。離其地，水功其半。」意思是宜茶之地，必有宜茶之水，而用當地的水沖泡當地的茶最為合適不過。

(3) 茶葉煮水

沖泡潮州工夫茶，如果無法找到較好的水，不妨在煮水時，於水中投放一小片待沖泡的茶葉同煮，讓水變成類似原產地的山泉水，這種方式很多人不知道，這是透過多種茶試驗出的經驗。用這種煮過茶葉的水泡茶，茶湯滋味會比不加茶葉煮的水更佳。這種提升水質的方法適用於所有的茶類。

3. 活火

火有陰陽火之分。

所謂「陰火」，就是用無明火的方式加熱，比如用電磁爐、隨手泡等加熱。加熱過程中，透過鐵皮等介質傳熱給水，水與水再進行熱傳遞，加熱不均勻，所以泡出的茶湯欠爽口。

所謂「活火」，是指炭之有焰者。活火也稱陽火、明火，燃燒過程中會發出穿透力很強的遠紅外線，對水上下進行線性衝擊，加熱均勻。

潮人煮茶，多用絞只炭。絞只炭的優點是木脂盡脫，煙臭無存，敲之有聲，碎之瑩黑；一經點燃，室中還隱隱可聞「炭香」。更有用橄欖欖炭者，那是以烏欖之核，入窯窒燒，逐盡煙氣，儼若煤屑；以之燒水，焰呈藍色跳躍，火勻而不緊不慢；此種核炭，最為珍貴難得。餘者如松炭、雜炭、柴草、煤等，就沒有資格入工夫茶之爐了。

陽火

爐火

用活火煮出的水泡茶，有助茶質發揮，茶湯爽口甘醇。

堅炭

4. 擇器

(1) 泡茶時蓋碗與茶壺的選擇

蓋碗，一般比較適合清香型的茶，花香高銳飄逸，重在起香。

茶壺，一般可用砂壺和泥壺。使用這兩種壺主要是為保持茶的韻味，但兩者在泡茶時側重點又有所不同：砂壺，偏適用於高火香茶（濃香）型陳單叢茶；泥壺，偏適用於清香型茶葉，特別適合香韻皆具的中溫焙的茶。

橄欖炭

先將泉水注入鐺中，用細炭煮到初沸，投閩茶於壺內沖之，蓋定，複遍澆其上，然後斟而細呷之

(2) 品茶時茶杯的選擇

品飲烏龍茶，建議選擇薄、白的瓷杯，有助於觀湯色，保持茶湯的熱度。

(3) 煮水器的選擇

現在市面上的煮水器很多，比如銅壺、鐵壺、銀壺、陶壺、玻璃壺等。

很多人認為銅壺是潮州工夫茶的傳統煮水器具，因它是清末民初時期的產物。其實不然。

當時因為煤油燈使用的普及，很多人用煤油燈煮水，可惜煤油帶味，如用砂銚煮水容易帶煤油味，不適合泡茶。

當時人們想到用銅薄片製成的壺在煤油燈上煮水，因薄易傳熱，金屬又不透氣，煮出來的水就沒有被串味；用銅壺煮的水，銅離子會和茶裡面的茶多酚結合，泡出來的茶湯喝起來濃醇而不苦澀。又因為當時市面上的茶大多是重焙火的茶，茶湯對水質要求沒那麼高，所以當時多用銅壺煮水。

而如果用銅壺煮水來沖泡清香型的茶葉，則對茶味的影響就非常明顯。所以，古語「銅臭鐵澀不宜茶」之說是有道理的。

因此，煮水泡單叢茶時，不提倡使用銅壺和鐵壺，最好用陶壺、砂銚或銀壺等。陶壺對水能產生礦化的作用。「水過砂則甜，水過石則甘」，用砂銚煮出來的水甘甜，適用於泡茶。用銀壺煮的水，水會偏清甜，對烏龍茶沖泡雖好，但過於高貴。

5. 沖泡

孟臣壺把捏法：用拇指和中指把捏壺把，無名指托住壺把外側下方，食指輕按壺鈕，進行灑茶。男性點茶則換為拇指輕按壺鈕，而食指外壓壺把上方，中指在壺把內側，無名指不變，施腕點茶。女性點茶則把食指退至蓋眉，以指甲輕扣，施腕、指點茶。

茶壺法

蓋碗泡

茶甌把握法：拇指和中指捏住茶甌，與甌口成一平面，食指橫側按壓蓋鈕，小指沿內側托住茶甌底部，與食指對茶甌身、蓋形成對夾。使拇指、中指和小指能互換以便灑茶。

（三）鳳凰鄉村泡茶

關於潮州工夫茶，潮安先賢翁輝東（又名梓關，字子光）先生在其傑作《潮州茶經·工夫茶》中已詳盡記敘，這裡不再贅述，只記錄鳳凰山區農村 1960 年代以來的一些情況。

在鄉村的「閒間」裡，人們將品茶和泡茶的技藝緊緊地融合在一起，以技為主，以藝輔技，自娛自樂，其樂融融。每天三餐之後，不論是晴天還是雨天，只要有空閒就走進「閒間」，或者獨自在家裡泡起茶來。

每當茶葉採製完畢之後，製茶能手挑選出一兩樣比較成功的新產品——優質茶葉，三五成群地到「閒間」來比試比試。但他們旨在交流茶葉製作的經驗和品嘗新味，透過品評，總結成績，交流經驗，取長補短，相得益彰。這一聚會發揚了工夫茶的風格，也拓展了工夫茶的內容。

工夫茶是茶藝表演中的一種，也屬於鳳凰茶文化的範疇。它以獨特的茶葉品質、獨特的茶具、泡茶的方法、品飲方法而聞名於世。它是一種融精神、禮儀、沏泡技藝、品評茶葉品質等多方面為一體的完整茶道。

通常鳳凰山區各家各戶都備有茶米桶（茶米罐，帶有雕花刻字的錫罐）、風爐、木炭、扇子、砂鍋仔（即砂銚或銅鍋仔）、水罐（或陶、瓷水瓶）、茶船（又名茶洗、茶池）、瓷茶甌（或沖罐）、茶杯等泡茶器具。後三種即平時所稱的「茶盅具」的統稱。隨著社會經濟的發展和人們物質生活水準的提高，泡茶器具也發生了更換。諸如從風爐、木炭、扇子改為煤油爐、煤油燈、煤油、柴油，再則改為電爐、電磁爐；從砂銚改為銅銚、鋁質壺、精鋼壺，再改為電熱壺；由於逐漸改換更新，泡茶器具越

來越現代化了，既有時代節奏，又簡便清潔，使工夫茶達到更高的境界。現在的泡茶方法也隨之簡便了。

(四) 潮州工夫茶泡法二十一道程序

(1) 備器（備具添置器）茶杯呈「品」字擺放，依次擺好孟臣壺、泥爐等烹茶器具。

(2) 生火（欖炭烹清泉）泥爐生火，砂銚加水，添炭搧風。

(3) 淨手（茶師潔玉指）茶師淨手。

(4) 候火（扇風催炭白）炭火燒至表面呈現灰白，即表示炭火已燃燒充分，沒有雜味，可供炙茶。

(5) 傾茶（佳茗傾素紙）倒茶葉於素紙上。

(6) 炙茶（鳳凰重修練）炙茶，提香淨味。

(7) 溫壺（孟臣淋身暖）注水入壺，淋蓋溫壺。

(8) 洗杯（熱盞巧滾杯）熱盞滾杯，並將杯中餘水點盡。

(9) 納茶（朱壺納烏龍）納茶需適量，用茶量以茶壺大小為準，約占茶壺八成左右。

(10) 高注（提銚速高注）提拉砂銚，快速往壺口沖入沸水。

(11) 潤茶（甘泉潤茶至）高注沸水入壺，使水滿溢出。

(12) 刮沫（移蓋拂面沫）壺蓋刮沫、淋蓋去沫。

(13) 沖注（高位注龍泉）將沸水沿壺口內緣定位高沖，注入沸水，切忌「沖破茶膽」。

(14) 滾杯（燙盞杯輪轉）用沸水燙洗茶杯。

(15) 灑茶（關公巡城池）依次循回往各杯低斟茶湯。

(16) 點茶（韓信點兵準）壺中茶水少許時，則往各杯點盡茶湯。

(17) 請茶（恭敬請香茗）恭敬地請嘉賓品茶。

(18) 聞香（先聞尋其香）未飲前，先聞茶湯的香氣。

(19) 啜味（再啜覓其味）分三口啜飲，一口為喝，二口為飲，三口為品。

(20) 審韻（三嗅審其韻）啜完三口後，再把茶杯餘下的少許茶湯倒入茶盤，冷聞杯底，賞杯中韻香。

(21) 謝賓（復恭謝嘉賓）微笑地向嘉賓鞠躬以表謝意。

備器（備具添置器）
生火（欖炭烹清泉）
淨手（茶師潔玉指）
候火（搧風催炭白）
傾茶（佳茗傾素紙）
炙茶（鳳凰重修煉）
溫壺（孟臣淋身暖）
洗杯（熱盞巧滾杯）
納茶（朱壺納烏龍）
高注（提銚速高注）
潤茶（甘泉潤茶至）

潮州工夫茶泡法二十一道程序

五、臺灣烏龍茶沖泡

早期移墾臺灣的人士以閩粵地區為主，閩粵地區的飲茶風俗大大地影響著臺灣的茶文化。臺灣舊時流行的烏龍茶沖泡法為「工夫茶小壺泡」，工夫茶的茶具一般比較小巧，一壺帶二到四個杯子不等，多為三個。而後受到日本茶道和西洋飲茶文化的影響，再加上近幾年衛生觀念的加強與沖泡美學的講究，逐漸形成了一套具有文化底蘊、更為優雅、合乎衛生的現代臺灣茶藝（1983 年，臺灣一批愛茶人在林森南路成立一家茶館，把茶作為生活的藝術，故稱「茶藝」）。

（一）臺式烏龍茶茶藝新精神

臺式烏龍茶茶藝在繼承內地工夫茶基本理念的基礎上衍生出眾多的流派。

愛茶人士及業者因著臺灣喝茶氛圍的日漸濃厚，相繼成立推廣茶藝文化的民間組織。臺北的陸羽茶藝中心茶學研究所，自 1980 年成立時，即在開設的「茶道教室」舉辦初中高級茶學講座，至今各類課程已舉辦近九百期，在所長蔡榮章的領導下，先後改良創制了「小壺茶法」、「蓋碗茶法」、「大桶茶法」、「濃縮茶法」、「含葉茶法」和「旅行簡易泡茶法」等。

此外，比較出色的還有臺灣中華茶藝業聯誼會第七、第八屆會長方捷棟先生創編的「三才泡法」，丁得富先生創編的「妙香式泡法」，陳秀娟小姐創編的「吃茶流小壺泡法」等。

何為「吃茶流小壺泡法」？「吃茶流」要求茶人在泡茶的過程中融入自身情感，結合禪的哲理來體會整個泡茶流程的藝術，可以說吃茶流的主要精神在於從「靜、序、淨、省」中去追求茶禪一味的理想境界。

「靜」是指在泡茶吃茶時寂靜無雜音，是修習茶道基本的要求。從控制自己的情緒中可以看出一個茶人的涵養。從舉止的寧靜，達到心靈的寧靜，在寂靜中展現美感。

「序」是指修習茶藝的態度，首先展現在充分的準備工夫上。擺設茶具時要依次放置，泡茶的步驟講求井然有序，使自己無論做什麼，思想都能周詳而統一。

「淨」是指透過修習茶藝來淨化心靈，培養淡泊的人生觀。

「省」是指自我反省，亦是修習茶道的要點。茶人應經常反省自己學習的態度是否虔誠；泡茶時是否將茶的內質發揮到極致，藝茶時內心是否力求完美，是否把茶道的精神落實到日常生活態度中。

「吃茶流」受日本茶道影響，又飽含中國博大精深的有意化無意、大象化無形的深意，要求茶人在開始時必須按基本程序，扎實地做好每一個細節，融會貫通後又要上升到不被形式所拘泥的高度，在熟練技法中展示優雅，從而形成泡茶者個人獨特的風格，在超然技法中表現出自我。

(二) 臺灣烏龍茶茶具花樣翻新

臺灣的飲茶習俗源於閩粵，但近二十多年來發展很快，特別是在茶具的更新換代上，更是窮工畢智，不斷翻新花樣，使茶具異彩紛呈。

碗泡法

臺式烏龍熱泡時使用到的主要茶具有：紫砂茶壺、茶盅、品茗杯、聞香杯、茶盤、杯托、電茶壺、置茶用具、茶巾等。其中，聞香杯是臺灣茶人創製的，是市場上大量出售高香烏龍茶後，為凸顯其香氣高銳持久而配置的器皿。與飲杯配套，質地相同，加一茶托則為一套聞香組杯。聞香杯有兩大好處：一是保溫效果好；二是茶香味散發慢。

上文提到的「吃茶流」使用的茶具亦配聞香杯，泡飲中一人一把紫砂壺，然後配以「對杯」(聞香杯與品茗杯) 和其他要用的茶具。

不同泡法配有不同器皿，值得細賞的還有一種泡茶法：碗泡法。其前身是始自唐、興盛於宋代的點茶法。點茶法是當前日韓茶道的主要泡飲茶方式。直到近來，臺灣茶道又重新將大茶碗「拾起」，改點茶為泡茶，因其使用大的碗泡茶，用茶匙將茶湯舀至杯中就可飲用，簡單且富有趣味，又帶濃濃的復古氣息，所以重新受到人們的喜愛。

(三) 臺式烏龍茶的熱泡法

泡飲茶之前選擇合適的茶具，通常情況下茶具以能發揮所泡茶葉之特性且簡便適手為主。以「吃茶流」沖泡法為例，臺式烏龍茶熱泡法的基本流程如下：

燙壺，溫盅：用開水澆燙紫砂壺和茶盅，產生再次清洗的作用並提高茶壺和茶盅的溫度。

取茶，賞樣：使用茶匙取茶，取時忌雜念，動作不宜過大，以免傷到茶葉。取出茶後先觀察茶葉的外形，以了解茶性，決定置茶的分量。

置茶，搖壺：將茶匙中的茶葉放進壺中。蓋上壺蓋後，雙手捧壺，輕輕地搖晃三四下，促進茶香散發。

揭蓋，聞香：透過聞搖壺後茶葉的茶香，進一步了解茶性，如烘焙的火工、茶的新陳等，以決定泡茶的水溫、浸泡時間。

注水，潤泡：注水入壺後，短時間內即將水倒出，茶葉在吸收一定水分後即會呈現舒展狀態，有利於沖第一道茶湯時香氣與滋味的發揮。

熱杯、淋壺：用開水預熱茶杯，再淋壺，以利於茶湯香氣的散發。

沖泡，澆壺：往壺裡沖水泡茶，沖滿後，蓋上壺蓋，沿著茶壺週邊再澆淋。

乾壺，投湯：在提壺斟茶之前，將壺放在茶巾上，搌乾壺底部的水後再斟茶。臺灣茶人把斟茶稱為投湯，投湯有兩種方式。其一是先將茶湯倒入茶海，然後用茶海向各個茶杯均勻斟茶。其二是用泡壺直接向杯中斟茶。

第七篇

得味：烏龍茶之品飲

一、烏龍茶清飲

如果只是為了解渴而飲茶，就叫作喝茶。如果有一定的沖泡工具和操作技術，重視茶的品質和功能，慢啜細飲，就叫作品茶。如果是為分出茶的等級與品質好次，細聞細品，就叫評茶。

(一) 生活待客式

主人待客一般選擇品質好的烏龍茶，選用清潔的泉水，煮至初沸，採用鐘形的蓋杯，然後按照基本泡飲程序進行，一般包括溫具→置茶→備水→沖泡→刮浮沫→加蓋（2～3分鐘）→分茶→奉茶→品飲。

茶几旁，或兩人相對而坐，或三五個人圍聚而坐，一同賞茶、鑑水，聞香、品茶，每一個人都是參與者，一起領略茶的色、香、味之美。這樣的場景更多的是出現在家庭中，在日漸興起的茶藝館中亦常見。大家一起品品茶，聊聊天，自由地交流情感，相互切磋茶藝，相互探討茶藝人生，既休閒又聯誼，既高雅又輕鬆，其樂融融。

(二) 家庭茶室

茶作為飲品已深入每個家庭，家庭飲茶是現代人品茶的主要方式。雖然許多家庭沒有能力或沒有條件布置一個專門的品茶室，但都為飲茶創造了一方乾淨整潔、舒適清新的小天地。或陽臺，或客廳，擺上茶几，幾把座椅，便是品飲場所。不需要豪華的陳設，不需要高級的茶具，不需要名貴的茶葉，也不一定有名泉佳水，

或獨自品飲，自省自悟，品茶之神韻，悟茶之神理，而修身怡情，或是家人或是三五賓朋坐於一處，一同品飲精心泡製出來的香茗，以茶為媒，敘親情，敘友情，杯茶在手，感受生活，其樂融融，溫馨無比，便是茶之道、茶之味。恰如梁實秋先生所說「清茶最為風雅」。

(三) 茶藝館

茶藝館，是現代茶館的稱謂，最早源於臺灣，近幾年來，隨著人們休閒需求的多樣化，以悠閒為特色的茶藝館在中國各地蓬勃發展，成為一種新興產業，且頗為時髦。茶藝館大多品味高雅，陳列擺設以茶文化為中心，琴棋書畫詩營造古樸典雅的文化氛圍，並有茶藝表演，是上等的休閒好去處，品茶者可以邊欣賞表演，邊聞茶香嘗茶味。

天門茶藝組圖

茶藝組圖

茶藝組圖

(四) 潮州品飲

首先，用初開的沸水沖洗事先備好的茶具。使茶具燙熱、潔淨，取鳳凰單叢 8～12 克，輕放進茶甌（壺）裡。第一沖醒茶一定要用沸水，不然湯不熱不涼，難發單叢茶花香。然後再進行第一次泡茶：泡高火香茶（濃香），用三沸水、滿泡（茶量 10 克）快入慢出，茶湯重韻甘醇；泡清香茶，用二沸水、平泡（茶量 7 克）高沖快出，嫩香爽口。也可用出水柱的高、低、粗、細調節泡茶水溫，即泡即斟。循序斟注，要盡可能地使每杯茶的茶水數量相等，色澤相同，濃淡如一。這個過程要充分運用「高沖低斟，刮沫淋蓋，關公巡城，韓信點兵」的方法。請大家品嘗，先聞其香，後嘗其味，再審其韻，一茶甌茶可以泡十多次。

淡泡（茶量 3～4 克）則慢進慢出，均勻浸泡，可多浸泡。品茗要趁熱品飲，先聞茶香，然後將茶湯啜入口中，使空氣將茶湯帶入口中，再以舌頭不斷振動，讓口中舌部位感覺滋味。二嗅杯底，審尋韻味。「味雲腴，食秀美，芳香溢齒頰，甘澤潤喉吻，神明淩霄漢，思想馳古今。」境界至此，乃人生一大快事。

不同級別單叢茶的沖泡方法及沖泡時間：

(1) 大眾單叢茶濃厚回甘，以 7 克茶量、10 秒 ±3 秒的沖泡時間為宜，茶甌泡效果較佳。

(2) 高級單叢茶濃醇爽口，以 7 克茶量、12 秒 ±3 秒的沖泡時間為宜，用潮州工夫茶泡法或壺泡法更能展現茶的特點。

(3) 特檔單叢茶醇甜香鬱，以 7 克茶量、15 秒 ±3 秒的沖泡時間為宜，可採用任意一種方式沖泡。

(4) 秋茶香高性烈，以 7 克茶量、12 秒 ±3 秒的沖泡時間為宜，最好採用茶甌杯沖泡，更能展現高香、爽口的特點。

品賞單叢茶可從醇、甜、甘、香、韻、滑、潤七方面來鑑賞：醇：

醇厚質感明顯，舒張爽快，無滯澀感，喉感回香。

甜：蜜味甜潤，蜜香濃郁。

甘：回甘快且力度強，湯中顯香，喉底甘香、甘潤，俗稱「有喉底」。

香：香氣高銳濃郁持久，冷香清幽，有雋永幽遠之感，香中有味。

韻：係指「山韻」，「花蜜香韻」。鳳凰單叢茶的

「山韻」，是指由於高山環境造成茶樹鮮葉內含胺基酸累積比例較高，跟多霧地域苔蘚近似的苔味。嶺頭單叢茶的「花蜜香韻」是指白葉品種獨有的蜜甜味及滋潤之感。嶺頭單叢茶的「花蜜香韻」以蜜香為奇，喉韻甘爽，品飲後齒頰留芳，且久泡餘韻猶存，無苦澀味，仍有濃醇甘爽之感。

滑：濃醇爽口，濃而不澀，甘滑回香。單叢茶的「滑」是最高品質的象徵，只有在整個進程非常完善的條件下才能展現。

潤：陳單叢茶甜潤飽滿，滑而不澀，濃而不滯。

品茶

（五）臺灣品飲

1. 清飲臺式烏龍茶的注意事項

使用瓷器泡出茶葉真滋味。在買茶試茶、鑑賞茶葉時，一般多使用標準的評鑑杯（瓷器），因為紫砂壺會修飾泡出茶水的好壞。一個人清飲臺式烏龍茶時，大多數人也喜歡選擇用陶瓷杯、玻璃杯來泡飲。

置入適合自己口感的茶葉量。首先取適量臺灣烏龍茶放入杯中，並以熱開水直接沖飲，再根據個人喝茶口味的濃淡來做調整，覺得偏淡加些茶葉，味道重就去除些茶葉。當然茶葉不可過度浸泡，否則茶湯易苦澀難喝。

兩人以上共同泡飲時，茶壺裡放置茶葉的茶葉量，原則上較緊結的茶葉不能放太多。茶在還沒泡之前，都屬於一種緊縮的狀態，因此拿捏茶葉分量是相當重要的事。一般而言，品種不同，置入量不同，文山包種的置入量約為壺的 1/2 到 2/3，白毫烏龍茶葉的置入量約為壺的 1/3 到 1/2，凍頂烏龍的置入量約為壺的 1/4 到 1/3，鐵觀音茶葉的置入量約為壺的 1/4。

根據茶性選擇合適的水質、水溫。共同泡飲時，放置好茶葉就要沖入開水，此時水質的選擇就很重要。越乾淨的水在淡飲時口感上就越純粹，但蒸餾水雖乾淨，不適合沖泡好茶，泡茶水盡量使用礦泉水或山泉水，自來水少用為妙。另外要注意的是水溫，一般來說臺式烏龍茶的發酵度比較低，水的溫度通常 90℃～95℃之間就可以了；而發酵較重的白毫烏龍或茶青越老的茶，就必須用 100℃左右的水。

根據茶性把握好浸泡時間。浸泡時間需視茶葉的老嫩及置茶多寡而定，一般潤茶後的第一泡約 60 秒，葉子舒展開後，要喝第二至第四泡時，沖入開水泡 40 ～ 50 秒，往後每一泡的浸泡時間加長 10 ～ 15 秒。

不管是個人飲用，還是幾人共用，茶葉與茶湯不可過度浸泡，否則茶湯會苦澀難喝。

①冷泡鐵觀音可邊喝邊加冰
②冷泡茶
③冰紅烏龍茶

品香品茗後調整沖泡方式。泡出茶後，先聞茶香、水香，感受茶的香氣，品味茶湯時也不用急著喝下茶水，可以啜入口後，含在嘴裡稍作停留，讓茶的甘醇或苦澀停留在味蕾上，由此可知茶的本性好壞及時間的拿捏，甚至是茶壺的好壞都可以感受到。記住泡時的感覺，下次就可以選擇更合適的茶具、投茶量、浸泡時間和水溫了。

飲後及時清理茶具。茶泡完後一定要即時清潔茶具，方便下次泡飲，更重要的是保護茶具。泡飲之後，如果是瓷器等上釉的茶具，將茶具裡的茶葉清理出去後用清水沖洗，晾乾放置好即可；但如果是紫砂壺，建議再用開水沖一遍壺，然後用清壺布慢慢擦乾，之後為方便茶壺中的水汽蒸發，需要將壺蓋與壺分開放置。

2. 冷飲臺式烏龍茶

臺灣人很喜歡採用冷泡法來品鑑高山烏龍茶，尤其在炎熱的夏天。冷泡方式泡出的茶水有淡淡的持久的茶香，苦澀度不會釋放，是目前臺灣極力推廣的養生飲法。

比起熱泡法，冰涼的冷泡茶沖泡方式簡單，較適合在家裡沖飲，最好有冰箱可以冷藏茶葉並放置冷泡後的茶水。

首先，將準備好的臺灣高山茶置入容器，茶葉量約占容器的八至十分之一（以 600 毫升礦泉水瓶為例，約置入兩瓶蓋的球形茶葉），而後注入乾淨的冷開水（注意可以是純淨水，也可以是冷掉的開水），注水約九分滿後，加蓋放置約四小時後即可飲用，為了口感更加鮮爽冰涼，可加蓋冷藏於冰箱，六至八小時後即可飲用。

不論冷泡的茶水是否放入冰箱，為避免茶水變質，都建議在 48 小時內飲用完畢，因為茶湯裡未使用防腐劑。

當然，臺式烏龍茶還可以採取另一種混合泡的方式來品飲：先將冰塊放入玻璃茶杯，冰塊大概占據茶杯六分之一的量，再將已經熱泡好的茶湯快速順暢地倒入茶杯中。

左邊是烏龍奶茶右邊是冰紅茶

臺灣茶飲店

二、烏龍茶調飲

(一) 藥用茶飲

鹽茶

取茶葉3克，食鹽1克，用開水沖泡5分鐘後飲服，每日分服4～6次。可明目消炎、化痰降火，適於感冒、咳嗽、火眼、牙痛等症。

白糖茶

紅糖茶

糖茶

一是取茶葉 10 克、紅糖 20 克，在茶水中加入紅糖沖服。有和胃暖脾、補中益氣之功效，可用於治療大便不通、小腹冷痛等症。

二是取茶葉 15 克、白糖 60 克，將茶葉沖泡後加白糖，在露天放置一宿，次日清晨一次服完。有活血調經的功效，可治療婦女月經不調及痛經。

三是取茶葉 15 克、白糖 150 克，加水煎後服用。可治療婦女產後便祕。

薑茶

一是取茶葉5克，生薑10片，紅糖15克，將生薑洗淨去皮切片，加茶葉和水煎，再加入紅糖，飯後飲用。有發汗解表、溫肺止咳的功效，治療流感、傷寒、咳嗽等症效果較好。

二是取茶葉60克，乾薑30克，將兩者研磨，每服3克，開水送下，每日2～3次。可治療胃痛、腹瀉。

三是取約2公分長的生薑，去皮切碎，置於蓋杯中，加茶葉5克、白糖10克，沸水沖泡5分鐘，在乘車船出門前半小時喝上一杯（約200克）。可防止暈船暈機。

薑茶

蜜茶

一是將茶葉放入玻璃瓶中，加入蜂蜜，直至將茶葉淹沒。要注意的是，最好選用深顏色的玻璃瓶，瓶外再封上一層牛皮紙避光。用此法醃製的蜜茶，可長年保存而不變質，且年限愈久藥用價值愈高。

二是取茶葉 3 克，開水沖泡，待茶水涼溫後再依個人口感加入適量的蜂蜜，飯後溫飲一小杯，亦可每隔半小時服用一次。有止咳養血、潤肺益腎之功，適用於咽乾口渴、乾咳無痰、便祕、脾胃不和、腎虛等症。

三是取茶葉 7 克、香蕉 50 克、蜂蜜少許，先將茶葉用沸水沖泡，然後將香蕉去皮研碎，加蜂蜜調入茶水中，當茶飲用，每日 1 次。主治高血壓、動脈硬化等症。

醋茶

取茶葉2克、陳醋1毫升，將茶葉沖泡3分鐘，倒出茶水，加醋即成，每天飲3次。有和胃、止痢、散瘀、鎮痛之功效，可治小兒蛔蟲腹痛、痢疾等症。

奶茶

取茶葉3克、牛奶半杯、白糖10克，先將牛奶和白糖加半杯水煮沸，再放入茶葉，每日飯後飲服。有消脂健胃、化食除脹和提神明目的功效。

奶茶

陳皮茶

陳皮茶

取茶葉5克、陳皮1克，將茶葉、陳皮用水浸泡一晝夜，然後加水1碗煎至半碗。服法是，1歲以下兒童每次服半湯匙，1～2歲兒童每次服1湯匙，3～4歲兒童每次服一湯匙半，每日3次。可治小兒消化不良、腹脹腹瀉。

山楂茶

一是取茶葉適量、山楂 10 枚，兩者煎飲或沖飲均可。長期堅持飲用，可消脂、減肥、降壓。

二是取茶葉2克、山楂片25克，加水 400 毫升，煮沸 5 分鐘後，分 3 次溫飲，加開水複泡複飲，每日 1 劑。主治婦女產後腹痛。

檸檬茶

茶葉、檸檬等量，一起沖飲。長期飲用可預防肥胖症和高血壓，並有生津開胃、增強心肌等作用。

檸檬茶

健胃茶

1990 年代中期，安溪縣神龍茶葉有限公司對鐵觀音的民間用法、藥用功能進行了系統總結和深入研究，使用鐵觀音茶葉和 10 多種名貴中藥材創製出觀音健胃茶，它是袋裝茶，可直接用沸水沖泡飲用。主治急慢性胃炎、脘腹脹痛、消化不良等症，效果良好，並有明顯的醒酒、護胃作用。

(二) 保健茶

1. 與枸杞共泡合飲

明代繆希雍的《神農本草經疏》對枸杞的功效有較全面的論述：「枸杞子，潤而滋補，兼能退熱，而專於補腎、潤肺、生津、益氣，為肝腎真陰不足、勞乏內熱補益之要藥。」

枸杞與茶同泡喝，不但對肝腎陰虛所致的頭暈目眩、視力減退、腰膝痠軟、遺精等甚為有效，而且對高血脂、高血壓、動脈硬化、糖尿病等也有一定的輔助療效。

2. 與西洋參片共泡合飲

利用西洋參補陰虛的功能和味甘辛涼的性質，與茶同泡成西洋參茶，具有良好的益肺養胃、滋陰津、清虛火、去低熱的功效。

3. 與白菊花共泡合飲

兩者共泡合飲，既可發揮白菊花平肝潛陽、疏風清熱、涼血明目的功效，又可利用白菊花特有的清香甘甜風味增進茶湯香味，適口性好。

4. 與橘皮共泡合飲

用橘皮泡茶，可寬中理氣、去熱解痰、抗菌消炎。咳嗽多痰者飲之有益。

5. 與薄荷共泡合飲

薄荷含薄荷醇、薄荷酮，用它泡茶喝，不僅茶有清涼感，而且疏風清熱利尿。

保健茶

注：調製保健茶需準備的物品有白糖、鹽、生薑或老薑少許、蜂蜜少許、枸杞少許、白菊、西洋參、山楂片、紅糖、牛奶、陳皮、檸檬等，以及裝調料的小碟或小碗、泡飲的茶具。

三、烏龍茶餐點及深加工產品

(一) 茶點、茶食品

在烏龍茶區，茶食品由來已久。目前，市場上比較受歡迎的茶食品主要有兩類：一種為含茶元素的食品，即在食品中添加茶的成分，如加入抹茶的杏仁糖、鐵觀音瓜仁酥、茶味曲奇、茶瓜子、大紅袍朱子餅等；另一種則為用傳統的配茶點心，如一些堅果、蜜餞、甜點、糕餅等。

(二) 茶餐

茶香脆蝦

製作方法：將洗乾淨的蝦煮熟之後，放入冰凍茶（製成茶未烘乾的冰凍茶葉）水中浸泡幾分鐘後撈起裝盤，添加調味料湯或醬料則可。

原理：茶水可以去除腥味，冰凍茶水可以使蝦肉吃起來脆而爽口。

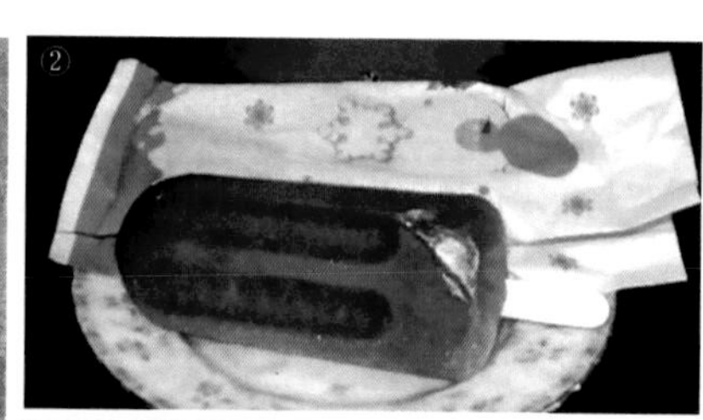

①烏龍茶霜淇淋
②茶冰棒
③紅烏龍茶糕
④茶丸

茶香魚頭湯

製作方法：煮魚頭湯時，加入些許冰凍茶葉，進行熬煮。

原理：茶水可以去除魚腥味，使魚湯變得更加美味、鮮甜。

茶葉飯

製作方法：洗米後，加上些許冰凍茶葉，再行燜煮。

原理：茶香有助於解膩，使人胃口大開。

茶粥

製作方法：陳岩茶葉 15 克，大米 50 克。先將茶葉煮汁，去渣，放入粥鍋內，加入洗淨的大米，用大火煮沸後改中火熬成粥，分上下午溫食。本食療能暢通胃腸道，使胃腸維持正常功能。陳茶是指隔年的茶葉，與新茶相比對胃腸黏膜的刺激作用較小。

(三) 創意茶食

茶食品種多樣，有茶膳、茶點等，都是以茶入食，在泉州諸多餐廳中，或多或少都會有些茶食。隨著茶飲的盛行，有個別廚師以茶入菜，創新研發出全新的茶宴，受到了年輕人的喜愛。茶葉入餚的方式有四種：一是用新鮮茶葉直接入餚；二是將茶湯入餚；三是將茶葉磨成粉入餚；四是用茶葉的香氣薰製食品。

雙王爭明珠：鮑魚搭配茶葉，在精心祕製的醬汁中浸泡 48 個小時，採用冰明珠保持鮑魚的冰冷度，使之更好的達到冰涼爽口、齒頰留香的口感。再配上一杯鐵觀音，更是味中有味，回味無窮。

「老傳統」焗遼參：與「老傳統」茶葉結合，用鐵觀音茶味去除遼參的石灰味，讓茶香滲透入內，以增加香氣。

起鼎香茶蝦：韻香茶葉與蝦搭配，加上茶梗慢火烘焙，三烤三晾，茶香四溢、口感柔韌筋道。

二老論道湯：用濃香的老茶與茶山老番鴨精燉而成，香動鼻，甘動

舌，潤到喉，韻到脾，醇厚甘甜，讓人品味美食的最高境界。

（四）烏龍茶深加工產品

罐裝茶水

分純茶水和茶味飲料兩種。罐裝純茶水飲料，由於受生產規模、研發能力、推廣力度等影響，多為小牌子，尚沒有叫得響的產品。大的品牌企業多以生產茶味飲料為主。

即溶茶

運用先進工藝萃取的茶產品，又冠名為即溶茶，即溶茶的溶解速度快，剔除農殘徹底，又完美地保留了原茶的品質，口感更接近原茶，且具有冷熱皆宜的特性。

生產設備的主要模組包括：物料前處理模組、低溫高壓萃取模組、料渣分離模組、納濾分離模組、低溫濃縮模組、低溫乾燥模組、粉料結晶模組、定量拼配模組八大組成部分。

沖泡方法如下：

一般的即溶茶粉都可冷飲、熱飲。冷飲：水溫控制在 0°C～ 25°C，口感鮮爽。

熱飲：用 70°C～ 80°C熱開水沖泡，滋味香醇。

水量：一小條約 0.6 克茶粉，建議用 200 ～ 300 毫升熱水沖泡。

水質：宜用純淨水，忌用富含礦物質的水沖泡。

茶含片

烏龍茶無糖口含片，按重量百分比由以下原料製成：即溶烏龍茶粉 8% ～ 12%，木糖醇 60% ～ 70%，β環糊精 10% ～ 20%，檸檬酸 2% ～ 5%，三氯蔗糖 0.2% ～ 0.5%，維他命 C0.2% ～ 0.6%，香蘭素 0.4% ～ 0.6%，硬脂酸鎂 1% ～ 2%。這種含片色澤均一、硬度好，入口後茶香濃郁、口感細膩且清涼適口。

茶膏

熬製茶膏，採用壓榨、收汁、收膏、壓模等流程。沖泡水溫，常溫也可，飲用茶具亦無須講究太多。在用量用法上，一般每人每天只要 3 克就足夠，胃寒者適宜飯後飲用，老年人不宜飲用太多。

茶餅

製作方法是將茶末壓成小茶餅。

單叢黑茶以單叢毛茶作為原料，參考湖南安化千兩茶的傳統黑茶製法製成後發酵的單叢黑茶，有單叢千兩茶、單叢茶磚。

米磚切面圖

第八篇

甄選：烏龍茶之選與藏

一、烏龍茶選購

消費者在購買烏龍茶時，往往因無法準確鑑別茶葉的優劣、不清楚市場的價格行情而感到為難。其實，購茶也有訣竅可言。

選對地方

一是可到專業的茶葉品牌商店購買。因為品牌店注重信譽，品質有保證。二是可到規模較大的購物中心、超市購買。這裡的茶葉品質較有保證，但經過多個流通環節，茶葉的價格偏高。三是到熟悉的茶葉商店購買。由於茶葉市場競爭激烈，一些茶店、茶莊經營者注重吸引顧客，一般不會欺騙老顧客，且因經常購買經營者比較了解顧客的口味、品飲習慣和消費水準，故一般能夠買到稱心如意的茶葉。

查看包裝

一是凡購買小包裝茶葉的，要注意觀察包裝上是否標明生產廠商、出產日期與產地等相關資訊。正規廠商的產品包裝較為精美，而一些假冒偽劣產品的包裝則顯得比較粗糙。二是凡購買小袋裝（一般為 7 克）品牌茶葉的，要注意區分小茶袋的顏色及印刷標誌的細微差別。一些具有一定規模的品牌茶廠所銷售的小袋裝茶葉，一般不在小茶袋上標明等級，其品質和價格是透過小茶袋的顏色來區分的；也有的小袋裝茶葉，雖然小茶袋顏色相同，但在袋上印有諸如星級等標誌用於區分。這些品牌茶葉，一定的品質其價格是長年不變的。消費者如果洞悉品牌包裝的奧妙，即可放心購買。

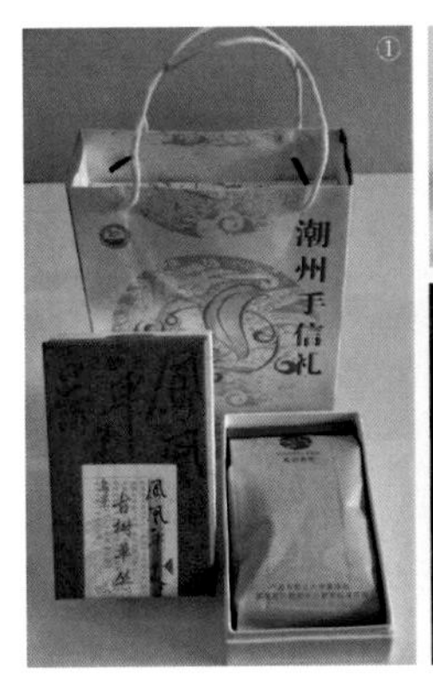

①禮盒包裝
② 1980 年代特選烏龍茶原鐵罐包裝
③產品標籤
④高級禮盒包裝

沖泡樣品

凡購買散裝茶葉的，消費者可要求沖泡樣品。這時要注意的是，經營者所提供的茶樣一般為毛茶（即未經過挑梗的茶葉），當場去梗、精選後再行沖泡，這當中也有奧妙。究其原因：一是經營者在去掉毛茶梗的同時，也去掉了毛茶中的赤片等，並往往會精選條索適中、緊結的茶葉進行沖泡，故樣品茶的品質一般要比成品茶高些（精品茶除外）。二是經營者在沖泡時可根據茶葉品質的差異，調整用茶量和沖泡時間。一般來說，茶葉滋味淡的要加大茶量，茶葉滋味澀時要縮短沖泡時間。故消費者要注意要求經營者等量、定時沖泡。其用量一般為 7 克，時間控制在 100 秒左右；在確定選購時，可要求去除茶梗、雜質和茶末。如初次購買，可索要一泡茶葉，待後對比。

觀形聞香

觀形時，消費者要注意如鐵觀音茶葉是否條索結實肥重、呈捲曲形，色澤砂綠烏潤或青綠油油的基本特徵，而閩北、廣東烏龍茶外形是否緊結。沖泡前，可先聞茶葉的香味，不要購買帶有青腥氣或其他異味的茶葉。沖泡時，注意茶的香氣

是否清香、正常、持久，湯色是否為金黃或清黃，湯水是否清澈，不要購買茶湯渾濁、偏紅或有霉味的茶葉。

品湯看底

如購買鐵觀音，品湯看底時，應十分注意「音韻」；岩茶要有「岩韻」；潮州茶要有「山韻」。品嘗時，口含少量茶湯，用舌頭細細品味，感覺韻味的濃淡、強弱、鮮爽、醇和或苦澀等；要注意辨別韻味是否純正，是否為「拖酸」茶，「拖酸」茶價格就低。對沖泡的葉底也要認真觀察，可細觀葉底是否油嫩、明亮，如葉底粗老的品質就低。

桂花香茶葉

桂花香茶湯

比賽茶活動與茶葉等級劃分茶區所舉辦的比賽茶活動，將比賽茶葉品質與茶葉分級兩項不同性質的工作合併進行。經評審之後，只有一個特等獎或茶王，其他的為二等、三等及若干其他獎，利用特等獎或茶王只有一個以及少數的頭等獎，拉抬售價，造成搶購風潮。

根據不同季節、用途、體質來選購古時喝茶就有「夏飲綠，冬飲紅，一年到頭喝烏龍」的說法。老樅水仙屬於烏龍茶，烏龍茶是介於綠茶（性涼）和紅茶（性溫）之間的一個品種，屬不寒不熱的溫性茶類。在秋天，天氣開始轉涼，花木凋落，氣候乾燥，令人口乾舌燥，嘴唇乾裂，即中醫所講的「秋燥」。此時，喝上一杯不寒不熱、茶性平和的烏龍茶，會有潤膚、潤喉、生津的功效，消除體內積熱，恢復津液，讓肌體適應自然條件變化，以消除夏天餘熱。

二、家庭如何科學保鮮和儲藏烏龍茶

品質很好的茶葉，如不妥善加以保存，很快就會變質，顏色發暗，香氣散失，味道不良，甚至發霉而不能飲用。

家庭保鮮和儲藏烏龍茶有四項禁忌：一是忌茶葉含水量較多（毛茶經剔除茶梗，也可減少含水量。如發現茶葉中含水量超多，可經烘乾冷卻後儲藏）；二是嚴禁茶葉與異味接觸；三是防止茶葉擠壓；四是忌高溫保存。常用的儲藏方法有：

（一）冷藏法

用冰箱冷藏要求茶葉本身必須乾燥，並防止冰箱中其他食品的氣味汙染茶葉。因此，茶葉包裝的密封性能要好，最好是採用複合薄膜袋真空裝

茶，才能防止茶葉吸附異味和受潮變質。可將真空包裝的茶葉置於小鐵罐內，最好在外面再套上一隻塑膠袋封上。

家庭採用冷藏法保存和儲藏鮮綠和清香型的茶葉，效果最好，但要求茶葉的含水量不能超過 7%。如在儲藏前茶葉的含水量超過這個標準，就要先將茶葉炒乾或烘乾，然後再儲藏。炒茶、烘茶的工具要十分潔淨，不能有一點油垢或異味，並且要用文火慢烘，要十分注意防止茶葉焦糊和破碎。這樣，含水量 6% ～ 7% 的茶葉，在 0℃下儲藏，氧化過程變得非常緩慢，保存 1 年仍與新茶相差不大，基本可保持茶葉原來的色、香、味；在 -5℃冷凍時可儲藏 2 年而不變質。此法特別適合用於儲藏品質較好的名茶。

(二) 罈藏法

採用罈藏法，選用的容器必須乾燥無味、結構嚴密。常見的容器有陶瓷瓦罈、無鏽鐵桶等。儲存茶葉時，先將乾燥茶葉內襯白紙（宣紙更好），外用牛皮紙或其他較厚實的紙包紮好，每包茶重 0.25 ～ 0.5 公斤。如在罈內放入乾木炭、矽膠等乾燥劑效果更好。瓷口或罈口應用紙封住，或外面再用塑膠袋封住，防止漏氣致茶葉受潮。採用此法儲存茶葉要注意的是：一是茶葉不要跟乾燥劑直接接觸；二是乾燥劑平時半年左右一換，梅雨季節增加更換次數；三是香氣不一的茶葉不要儲藏在一起；四是罈口一定要密封好。

(三) 罐藏法

罐藏法是家庭中最常用的一種儲藏茶葉的方法，儲存方便、隨飲隨取。其包裝物有鐵罐、竹盒或木盒等。新買的包裝罐或盒往往染有油漆等異味，必須先行消除異味。消除異味的方法有：一是用少量的廉價茶或茶末置於罐（盒）內，蓋好靜放兩三天，使茶葉吸盡異味。二是用少量廉價茶或茶末置於罐內，加蓋後手握罐來回搖晃，讓茶葉與罐壁不斷摩擦。經兩三次的處理後，去除異味。三是將罐蓋打開，用溼毛巾擦拭罐壁後將罐和蓋放在通風和有陽光照射的地方，乾燥並去除異味。除味後，將裝有茶葉的鐵罐或竹、木盒用透明膠紙封口，以免潮溼空氣滲入，放在陰涼處，並避免潮溼和陽光直射。採用此法要注意的是，最好將茶葉裝滿而不留空隙，這樣罐裡空氣較少，有利於保存；雙層蓋都要蓋緊，如果罐裝茶葉暫時不用，可用透明膠紙封口，以免潮溼空氣滲入。

(四) 袋藏法

家庭儲藏茶葉最簡便、最經濟的方法是採用塑膠袋保存茶葉。它要求茶葉本身乾燥，並有良好的包裝材料。首先，必須選用食品級包裝袋。其次，塑膠袋材料的密度要高，盡量減少氣體的通透。最後，塑膠袋本身不應有漏洞和異味，強度要高。

包裝茶葉時，先要用較為柔軟的白淨紙張把茶葉包裝好，再置入塑膠袋內。擠出袋內空氣後，將塑膠袋封口，放在陰涼乾燥處，一般可儲藏 3 個月到 6 個月。

(五) 瓶藏法

主要有熱水瓶裝和玻璃瓶裝兩種。採用熱水瓶藏茶的，應將茶葉盡量裝實、裝滿，排出瓶中空氣，再塞緊瓶塞。用普通的玻璃瓶封裝茶的，玻璃瓶最好是有色的，也可用有色的紙、布將其包住，以免陽光透過玻璃照射茶葉，引起茶葉陳化變質。裝茶時，可將茶葉裝至七八盛滿，再在茶上塞入一團乾淨無味的紙團，後轉緊瓶蓋，若用蠟封住蓋沿，效果更佳。

三、優質清香型高山烏龍茶的十忌

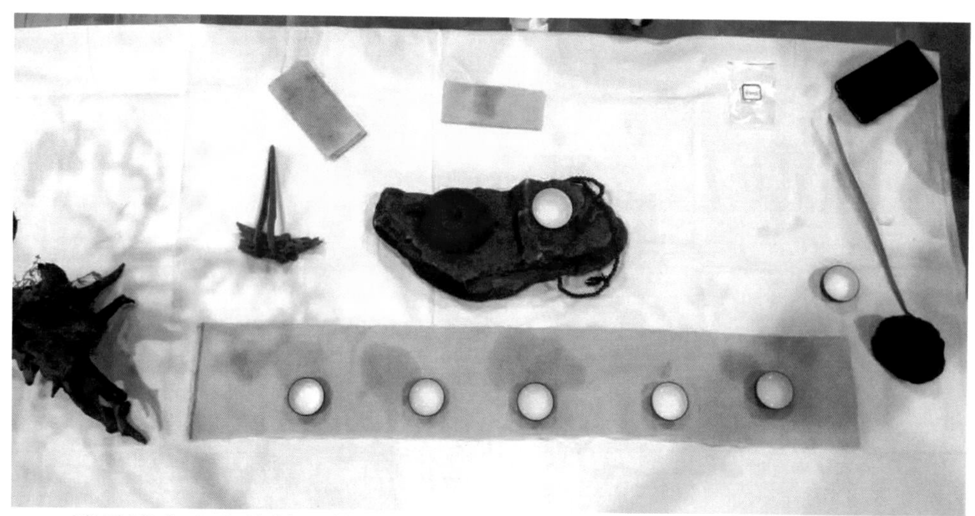

清香型高山烏龍茶是較晚創製的茶品，若製作、存放不當，茶品質量會出現常見的缺點。為保持此類茶的品質，人們根據其特點，歸納出十忌：

一忌存放過久。清香型烏龍茶講究鮮爽，不建議存放過久。茶葉若儲藏不當，由於被氧化、吸溼等因素會導致水色偏黃且暗濁、色澤灰綠、滋味淡薄、濁而不清並有油耗味，如此的茶樣，被列為品質嚴重缺失型。

二忌溼雜環境。茶葉是一種組織結構疏鬆多孔的物質，所以極易吸收異味和溼氣，若存放環境夾雜有其他氣味，則茶葉容易產生沉濁不清之感。茶葉不應具有不良氣味如煙味、霉味、油味、酸味、土味、日晒味等。

三忌烘焙過頭。高山茶水色澤墨綠鮮活、滋味甘滑而富有活性，優雅之香氣及細膩之滋味為其品質特徵。若烘焙時溫度與時間控制不當而呈熟味，則品質降低。

四忌高溫乾燥。傳統的熱風乾燥方式，不論以瓦斯還是油料燃燒為熱源，大都採用 85℃～ 100℃為初乾及乾燥的溫度，為求乾燥適度而行二段乾燥。香味品質優雅的烏龍茶乾燥溫度以 90℃左右為宜，切忌高溫，以免破壞香味。

五忌揉時久悶。除炒青時不及時排除水蒸氣會形成悶味，揉撚過程中不及時解塊，也容易導致茶葉滋味悶而不清，失去茶葉的鮮活性。

六忌炒青不當。炒青時若溫度與時間控制不當會產生焦味，從而失去高山茶鮮活甘滑的特性。炒青不足也容易造成青味的形成。

七忌發酵不足。在清香型烏龍茶製作技術方面，一般來說澀味的形成多半起因於不當的靜置萎凋及搖青。其製作過程講究適當的發酵，若發酵不足則滋味淡澀，發酵不當則品質呈現粗澀，若攪拌不當使茶葉組織受損，導致水分無法蒸發而呈現積水現象，則品質易形成青澀味，因此清香型烏龍茶澀味形成之原因來自不當的發酵。

八忌萎凋積水。在茶青萎凋過程中，室溫低、溼度高，葉中水分散失（走水）不暢，發酵作用無法進行，也容易造成茶葉帶青澀味。

九忌採摘不當。茶青原料過於老化或幼嫩，或清晨露水重時採摘，這些採摘不當亦將導致青味的形成。

十忌肥料過量。在茶樹栽培過程中，氮肥施用過多，葉呈暗綠色，容易造成茶青先天不足，香氣低而滋味淡薄帶青味。

第九篇

頤養：烏龍茶之用

一、烏龍茶功能成分

茶葉一直被譽為健康的自然護衛者，其原因就是茶葉中含有諸多營養物質，有利於人們增進健康。

科學研究表明，新鮮的烏龍茶葉中含有75%～80%的水及20%～25%的乾物質。在這些乾物質中，含有成千上萬的天然營養元素，主要有蛋白質、胺基酸、生物鹼、茶多酚、碳水化合物、礦物質、維他命、天然色素、脂肪酸等。

蛋白質：含量20%～30%，主要是穀蛋白、球蛋白、精蛋白、白蛋白等；

胺基酸：含量1%～5%，有茶胺酸、天門冬胺酸、精胺酸、麩胺酸、丙胺酸等；生物鹼：含量3%～5%，有咖啡鹼、茶葉鹼、可可鹼等；

茶多酚：含量20%～35%，有兒茶素、黃酮、黃酮苷類等；

碳水化合物：含量20%～25%，有葡萄糖、果糖、蔗糖、麥芽糖、澱粉、纖維素、果膠等；

脂類化合物：含量4%～7%，有磷脂、硫脂、糖脂等；

有機酸：含量≤3%，有琥珀酸、蘋果酸、檸檬酸、亞油酸、棕櫚酸等；

礦物質：含量4%～7%，有鉀、磷、鈣、鎂、鐵、錳、硒、鋁、銅、硫、氟等30多種；芳香物質：含量0.005%～0.03%，主要是醇類、醛類、酸類、酮類、酯類、內酯；天然色素：含量≤1%，有葉綠素、類胡蘿蔔素、葉黃素等；

維他命：含量0.6%～1.0%，有維他命A、維他命B1、維他命B2、維他命C、維他命E、維他命K、維他命P、維他命U等。

烏龍茶含有茶多酚、茶黃素、茶紅素的混合物。清香或球形烏龍茶由於發酵較輕，多酚類物質保留較多；

而武夷岩茶、鳳凰單叢由於發酵程度較重，生成了適量的茶黃素、茶紅素，這些都對烏龍茶品質特點的形成至關重要。

實驗證明，烏龍茶具有諸多功效，如減肥美容，抗輻射，預防癌症，調節血脂、抵抗心血管疾病，預防和緩解糖尿病，保護神經，保護皮膚健康，防止骨質疏鬆，抗菌、抗病毒，提高免疫力，預防衰老，預防和緩解關節炎等。這些功效的發揮，一個前提是要科學地飲用烏龍茶。

單叢品質成分含量

茶類	主要品質成分含量					
	咖啡鹼含量	胺基酸總量	茶多酚含量	酚氨比含量	黃酮類含量	水浸出物含量
宋茶 1 號	2.65	1.7	30.67	8.04	0.97	45.47
大庵宋茶	3.62	1.5	32.34	1.56	0.94	46.22
粗香黃枝香	3.91	1.63	31.72	9.46	1.05	44.97
佳常黃枝香	4.06	1.78	26.88	5.1	1.02	41.96
字茅黃枝香	3.29	1.27	25.14	9.8	1.11	41.21
兄弟仔	5.01	1.61	26.67	6.57	0.99	46.64
八仙過海	3.94	1.76	28.61	6.26	0.98	37.97
兄弟茶	3.92	2.62	27.25	0.4	1.02	38.28
文建林古茶	3.79	2.96	22.64	0.65	0.89	35.56
鯽魚葉	2.89	1.2	36.36	0.3	0.98	42.42
雞籠刊	2.66	1.19	25.9	1.76	1.04	35.63
棕蓑挾	3.77	1.24	23.21	8.71	1.04	35.76
字茅桂花	3.35	1.32	36.36	7.55	1.27	46.5
團樹葉	4.62	2.25	29.71	3.2	0.89	41.3
烏崠桂花	3.73	2.72	29.33	0.78	0.83	44.82
獅頭蜜蘭	4.4	1.83	28.22	5.42	0.86	43.34
福南蜜蘭	3.01	1.83	38.3	0.93	1.03	48.45
白葉單叢	3.95	1.59	29.09	8.3	0.96	43.69
大庵蜜蘭	4.23	1.76	27.44	5.59	1.14	40.28
官目石玉蘭	4.27	1.44	28.57	9.84	1.14	40
娘仔傘	4.31	1.88	25.36	3.49	1.18	39.05
肉桂香	2.31	1.18	36.01	0.52	1.37	40.59
大庵肉桂	3.82	1.79	27.83	5.55	1.05	41.45

茶類	兒茶素組分與含量							
	EGC	DL-C	EC	EGCG	GCG	ECG	兒茶素總量	酯型兒茶素含量
宋茶1號	1.419	0.337	0.231	8.99	1.683	1.419	14.079	12.092
大庵宋茶	1.126	0.412	0.156	8.894	1.814	1.23	13.632	11.938
粗香黃枝香	0.739	0.261	0.121	9.044	1.38	1.156	12.701	11.58
佳常黃枝香	1.051	0.328	0.175	7.344	2.179	0.854	11.931	10.377
字茅黃枝香	1.218	0.302	0.198	6.048	1.211	1.043	10.02	8.302
兄弟仔	2.174	0.491	0.311	8.239	2.459	1.148	14.822	11.846
八仙過海	0.93	0.477	0.211	7.94	1.422	1.416	12.396	10.778
兄弟茶	1.399	0.492	0.235	6.852	1.704	0.941	11.623	9.497
文建林古茶	1.31	0.446	0.201	5.71	1.447	0.904	10.018	8.061
鯽魚葉	1.135	0.54	0.294	1.113	1.908	2.403	7.393	5.424
雞籠刊	1.034	0.326	0.176	7.636	1.516	1.215	11.903	10.367
棕蓑挾	0.825	0.204	0.141	6.373	1.333	0.947	9.823	8.653
字茅桂花	0.595	0.229	0.165	1.149	2.17	1.833	6.141	5.152
團樹葉	1.332	0.308	0.261	9.466	2.41	1.231	15.008	13.107
烏崠桂花	2.298	1.047	0.818	0.537	2.491	2.382	9.573	5.41
獅頭蜜蘭	0.614	0.435	0.219	8.541	1.712	1.443	12.964	11.696
福南蜜蘭	1.509	0.4	0.328	9.609	2.123	1.441	15.41	13.173
白葉單叢	0.566	0.277	0.092	8.063	1.385	1.039	11.422	10.487
大庵蜜蘭	1.113	0.423	0.301	7.039	1.893	1.471	12.24	10.403
官目石玉蘭	1.05	0.158	0.218	8.457	2.394	1.239	13.516	12.09
娘仔傘	1.117	0.197	0.207	6.944	1.512	1.108	11.085	9.564
肉桂香	0.864	0.304	0.156	1.429	2.319	1.537	6.609	5.285
大庵肉桂	1.174	0.282	0.289	7.367	1.948	1.143	12.203	10.485

茶類	主要品質成分含量					
	咖啡鹼含量	胺基酸總量	茶多酚含量	酚氨比含量	黃酮類含量	水浸出物含量
薑花香	2.35	2.84	24.9	0.77	0.87	39.23
通天香	2.79	1.38	37.93	7.49	1.4	49.41
大烏葉	4.5	2.38	29.57	2.42	1.01	44.01
成廣杏仁	1.05	2.44	24.13	0.89	0.95	40.93
大庵桃仁	3.74	1.15	31.46	7.36	1.06	44.83
鋸剁仔	4.06	1.91	24.51	2.83	0.95	42.64
陂頭夜來香	3.43	1.6	31.85	9.91	0.99	43.5
偉建茉莉香	3.79	1.69	27.35	6.18	1.09	39.95
佳河楊梅香	4.72	1.77	29.99	6.94	0.88	39.92
再城奇蘭香	2.66	1.36	39.12	8.76	0.96	45.9
禮光苦種	5.33	2.07	24.2	1.69	0.91	36.94

茶類	兒茶素組分與含量							
	EGC	DL-C	EC	EGCG	GCG	ECG	兒茶素總量	酯型兒茶素含量
薑花香	0.506	0.359	0.206	6.666	1.717	1.433	10.887	9.816
通天香	2.096	0.698	0.437	8.749	2.614	1.744	16.338	13.107
大烏葉	1.596	0.24	0.215	7.045	2.121	1.113	12.33	10.279
成廣杏仁	0.875	0.354	0.154	4.931	1.791	0.801	8.906	7.523
大庵桃仁	1.106	0.335	0.273	1.231	1.924	1.864	6.733	5.019
鋸剁仔	1.035	0.288	0.227	8.125	1.657	1.4	12.732	11.182
陂頭夜來香	1.167	0.27	0.136	7.671	1.838	0.917	11.999	10.426
偉建茉莉香	1.176	0.31	0.266	8.663	2.2	1.833	14.448	12.696
佳河楊梅香	1.833	0.369	0.265	6.024	2.061	0.911	11.463	8.996
再城奇蘭香	1.149	0.563	0.284	0.686	2.604	1.928	7.214	5.218
禮光苦種	0.589	0.257	0.106	7.055	2.211	1.148	11.366	10.414

注：

EGC：表沒食子兒茶素

DL-C：兒茶素

EC：表兒茶素

EGCG：表沒食子兒茶素沒食子酸酯

GCG：沒食子茶素沒食子酸酯

ECG：表兒茶素沒食子酸酯

二、烏龍茶的養生作用

（一）烏龍茶的特殊保健作用

烏龍茶的製作方法比綠茶複雜，多了一道做青工藝。所謂做青，實際上就是茶青半發酵（氧化）的過程。烏龍茶的乾燥烘焙時間也較長，傳統工藝達 12 小時以上，而且還要複焙。這一來，就使茶的有機成分發生變化，茶性隨之產生變化。其中最大的變化是茶性變「平」變「溫」，而不像綠茶「生寒」了。

烏龍茶具有祛風、驅寒和調和腸胃的功效。民間往往將烏龍茶裝進柚子殼，用棉線縫好，吊在灶前或屋梁上風乾，稱為柚茶。還有一些地方將烏龍茶用冬蜜浸泡，稱為冬蜜茶。遇上風寒頭痛，便取柚茶濃煎服用，如果在初發期，效果很好。治療一般的腸胃病，特別是由水土不服引起的腸胃疾患，柚茶和冬蜜茶一服即靈。此外，烏龍茶還有抗菌消炎的作用。戰爭年代，缺醫少藥，游擊隊員治療外傷，常用濃茶水消毒；至今閩粵山區裡，遇上蚊蟲叮咬造成皮膚紅腫，人們仍然常用濃茶水塗抹。一些農村婦女，還常用濃茶水塗抹嬰兒皮膚以治熱痱。此外，烏龍茶還能有效解除菸癮。曾有人做過茶與菸的關係調查，發現許多嗜菸者，同時也嗜茶。凡是這種情況，他們一般都沒有單獨嗜菸者所常有的毛病，特別是很少有菸痰。

烏龍茶還具有解睏提神和消食去膩的保健作用。這兩點，與其他茶的作用一致。近年來，隨著對烏龍茶性能的進一步研究，人們又發現，烏龍茶具有降血脂、降膽固醇、抗輻射、抗癌、預防高血壓、延緩衰老等作用。曾有人在茶區進行過調查，發現那裡肥胖症患者很少，高血壓、心臟病發生率也較低。還有人對長年在烏龍茶企業工作的工人作過調查，發現這些人中癌症發病率要比一般企業工人低得多。長年有飲茶習慣的人中，大部分人年逾古稀仍然耳聰目明，精神很好，著名茶人張天福，活到108歲離世前，依然身體健康，思路敏捷，神采奕奕，而他最愛喝茶特別是喝烏龍茶。在日本，人們對烏龍茶的強心抗癌作用認識較早，烏龍茶在日本非常流行，一直是中國出口日本的主要茶葉種類。

烏龍茶具有的這些作用，主要是由它所含的化學成分所決定。根據科學家的分析，茶葉中的有效成分主要有茶多酚、生物鹼、胺基酸、兒茶素、微量元素、芳香物等數百種。茶多酚是形成茶湯滋味的主要成分，是一種天然抗氧化劑，能防治動脈粥樣硬化，抑制膽固醇，降低血壓，具有抗癌腫、抗輻射、抗衰老等多種作用。生物鹼是一種血管擴張劑，能促進發汗，利尿，刺激中樞神經，緩解肌肉緊張，助消化等。胺基酸是蛋白質的基本單位，也是形成茶湯滋味的主要成分。芳香物質具有鎮靜神經、溶解脂肪、舒張血管的作用。微量元素則是人體必不可少的物質，不同微量元素具有不同的性能。

但是，烏龍茶一定要根據自己的體質狀況飲用。一般來說，烏龍茶的適應性較廣。濃香型、陳年烏龍茶尤其適合養胃。但清香型鐵觀音、臺式烏龍茶，胃寒畏涼體質的人就要慎飲。此外還須注意，空腹不飲，睡前不飲，太燙不飲，太冷不飲，太濃不飲，一天沖泡量宜適當。

武夷岩茶有一句話叫「三年陳是藥，五年陳是丹，十年陳是寶」。說明武夷岩茶陳茶對養生的保健作用，武夷山九曲山八年陳岩茶活動、瑞善陳茶封罈儀式，都在岩茶陳茶方面做了很多領先的探索工作。當然，岩茶陳茶前提是要有很好的儲藏條件，保存好武夷岩茶的品質，變質的不宜飲用。

鳳凰單叢還具有其他一些功效：

(1)　具有天然花香多樣性的高香單叢茶，具有香療作用。

(2)　鳳凰單叢浸泡蜂蜜有利於治療慢性氣管炎、氣喘。

(3)　鳳凰單叢與乾薑一起沖泡，有利於感冒治療、解暑。

(4)　陳單叢茶對下氣、退火、便祕有明顯效果。

(5)　將浸蜜的茶葉外敷使用，對火/水燙傷、皮膚過敏、皮膚病也有一定的療效。

此外，茶葉中的氟化物具有防齲齒、再礦化作用，維他命具有維持眼睛正常視覺的功能，芳香物質又能清除口中腥、羶、臭等氣味，以及抗菌等作用。

(二) 烏龍茶的精神調節作用

烏龍茶的精神調節作用，主要展現在透過品茶活動修身養性，達到一種「淡泊以明志，寧靜以致遠」的精神境界。

吃茶養生，其實在於養心。而心又屬神，養心即養神。到了這個層次，茶的作用，就從物質保健上升到精神養生。

調節良好心態

沖泡烏龍茶，有較為複雜的程序與技巧，重要的是需要耐心與細心方能掌握。心浮氣躁永遠學不會，也永遠不能享受到其中的樂趣。而心浮氣躁，非常不利於身心健康。透過沖泡品飲烏龍茶，可以調節人的心態，減少浮躁，保持寧靜。

提高交際能力

與朋友或客人一起品飲烏龍茶，是一種理想的交際方式。有客來，給他端上一杯清茶，立刻就讓人感受到你的善意；有好茶，請朋友一起品嘗，讓人感受你的知心；若是到茶館去，一邊聽音樂看表演，一邊慢慢啜飲烏龍茶，可以享受多少忙裡偷閒的樂趣；若是有二三朋輩，一邊品烏龍茶，一邊天南地北神聊，還可以宣洩平時積壓的煩悶。

昇華精神境界

茶，是使人保持清醒頭腦的最佳飲料。茶不像酒，酒性如火，多喝傷身。所以陸羽《茶經》宣導的思想是「精行儉德」。經常飲用烏龍茶，學會欣賞烏龍茶，深刻理解烏龍茶，你會折服於烏龍茶所包含的豐富的色香味以及文化思想內涵，從而得到許多人生啟示，使人變得更加有修養，更加有情趣，更加寬容，從而更加高尚、快樂起來。

三、臺灣有機茶

有機茶是一種按照有機農業的方法進行生產加工的茶葉。在茶樹栽培、茶葉生產過程中，完全不施用任何人工合成的化肥、農藥、植物生長調節劑、化學食品添加劑等物質，並且生產出的茶葉產品符合國際有機農業運動聯合會（IFOAM）標準，經有機（天然）食品頒證組織發給證書。臺灣有機茶生產是一大特色，產品有利於人體的健康。

1980 年起臺灣提出「永續茶業」的發展理念，「永續茶業」要求在茶樹栽培過程中完全不施用任何的化學肥料和農藥，茶葉成品中無任何農藥化肥殘留。

芭樂茶包

臺灣業界認為，有機農產品是按著有機農法製作生產的。有機農法要滿足三個條件：其一，施用單純的自製堆肥等有機肥料，不考慮化學肥料；其二，不施用化學合成肥料與農藥，避免農藥殘留，除草劑是絕對不能使用的，因為容易形成一些致癌物質；其三，堅持此種方式生產的時間必須在三年以上。這三個條件同時滿足，所產製的茶葉才能稱為有機茶。

有機茶的發展難處：從 1988 年起至今，據非正式統計，目前臺灣

有 80 公頃左右的有機茶園，僅占整體茶園面積（約 23,000 公頃）的一小部分，有機茶園之所以難推廣的重要原因在於：臺灣的有機茶園通常面積比較小，容易遭受臨近傳統種植法的茶園和農作物的干擾，另外有機茶生產成本高，且無法從外觀確認有機茶與一般茶葉的區別。

有機茶對消費者的健康、對整體生態環境的保護都顯得相當重要，符合時代發展的潮流。發展有機茶，既需要經營者的用心投入，也有賴於市場監督、政策保護等。因此，建立產地證明標章和有機茶認證、驗證、追溯體系等很是必要。

建立資料化的可追溯體系：

(1) **茶葉產地證明標章**：茶葉產地證明標章有助於消費者識別茶葉的產區，保障臺灣茶的獨特性與權益。目前已核發的臺灣茶葉產地證明標章，用於產品包裝上。已核發的臺灣烏龍茶茶葉產地證明標章有：鹿谷凍頂烏龍茶、阿里山高山茶、文山包種茶、杉林溪茶、瑞穗天鶴茶、北埔膨風茶、合歡山高冷茶、拉拉山高山茶、南投市青山茶以及鹿野紅烏龍等。

(2) **有機茶認證機構**：有機茶的

認證方法，臺灣不同於中國。根據1997年

1月起公告的《有機農產品標章使用試辦要點》，臺灣有機茶由各地農業改良場及茶業改良場給予認證。目前，臺灣民間有機農產品的驗證機構有：財團法人國際美育自然生態基金會、財團法人慈心有機農業發展基金會、臺灣有機農業生產協會、臺灣有機農業產銷經營協會。

(3) **建立產銷履歷程序**：為保證從生產源頭的農用資財安全到下游的農產品衛生檢疫，全面嚴格把關有機農產品的生產，2003年伊始，臺灣農委會建立起「農產品產銷履歷制度」。在茶葉產品生產、加工、運銷等各階段，建立可查詢及追溯的機制，讓消費者可透過產品上的履歷條碼查詢產品生產流程中的相關資訊，以確保產品品質安全衛生；一旦出現問題，也可以快速找出出錯的環節，可立即追溯回收，加強危機管理，降低消費者恐慌。

建立產銷履歷的具體步驟為：一開始由茶業改良場及各分場按已制定的TGAP（茶葉良好農業規範）對茶葉產銷班進行教育訓練，輔導內容包括如何在茶園安全用藥，如何在茶園合理栽培及施肥，如何更好地管理製茶時的衛生品質以及茶葉的安全包裝等；之後，輔導茶農填寫紀錄並透過實際操作建立資料庫，最後向驗證機構申請產銷履歷驗證，驗證通過後，可得到一個追溯號碼。消費者可以利用產品包裝上的15個字碼的履歷追溯號進行相關查詢。

(4) **茶葉農藥檢驗資料化**：茶葉改良場不斷致力於提升茶葉農藥檢驗資訊化，在2013年開發茶葉農藥檢驗服務平臺，並在2014年完成測試。消費者現在可進入茶葉農藥檢驗服務平臺，註冊會員開通使用後，還可以在此平臺訂閱茶葉資訊電子報。如此，大大節省了人工作業成本，而且能更有效地管控檢驗資料及實驗室查核品質。

擦亮眼睛購買有機茶：鑑於有機烏龍茶的良好保健功效和衛生安全，市場上對有機茶的需求量在逐漸增加中，加上有機茶的高價位，因此就出現投機分子仿冒的情形。選購有機茶時要小心，最直接、最簡單的辦法就是查找有認證商標的產品，或者請教有經驗的專業人員推薦可購買的地方，再就是貨比三家，詢問幾家經營有機茶的茶農，有條件的話，直接去他們經營的農場參觀比較，最後，按照價格高低進行簡單的剔除，低於成本價的，一般就不建議購買。有機茶也是按品級分類，一般按照香氣與滋味的高低，分不同價位，消費者可對比一般茶葉等級與品質的對應關係，再依自己的需求與價格接受程度來選擇購買。

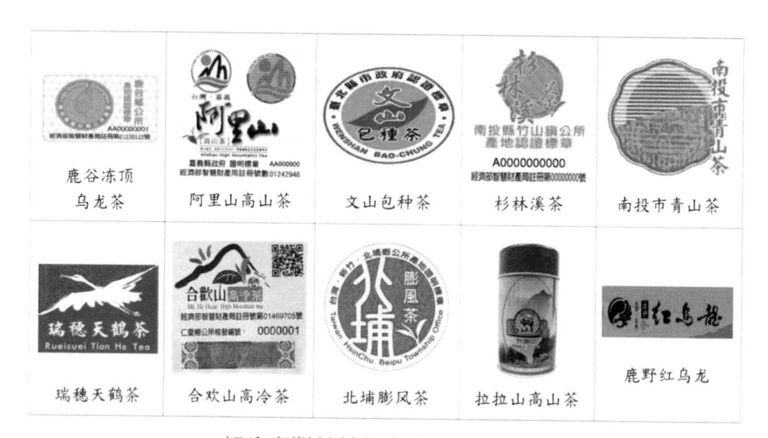

部分臺灣茶葉的產地證明標章圖

第十篇

問茶：烏龍茶之茶緣

一、烏龍茶傳說

（一）烏龍茶的傳說

1. 安溪烏龍茶創製的傳說

關於烏龍茶採製工藝的誕生，在民風淳樸的安溪大地上世代流傳著〈打獵將軍創製烏龍茶〉的傳說。明末清初，安溪西坪堯陽南岩山麓，住著一位退隱的打獵將軍，單名喚「龍」，鄉親們都親切地叫他「烏龍」。有一天，烏龍上山採茶，忽見一頭山獐從前方溜過，他急提獵槍，擊傷山獐。山獐帶傷奪路奔逃，烏龍肩背茶簍沿血跡緊追，終於擒獲山獐。等晚上到家，烏龍急於宰殺山獐，品嘗野味，竟把茶葉擱置，直到第二天清早動手炒製後，發現茶葉往日的苦澀之味全除，香氣更足，味更甘醇。烏龍連忙邀請近鄰好友前來品嘗。眾人嘗過，不禁連聲稱讚！後來，聰明的烏龍深究原因，悟出是因為跑動使茶葉相互摩擦，散失水分，從而發生某種變化，據此，烏龍最終摸索出一整套新的製作技藝，並廣泛傳授給廣大鄉親。

2. 廣東烏龍茶樹的傳說

相傳青龍和烏龍都是海龍王之子，是一對孿生兄弟，終日相伴嬉遊，時間長了，他倆漸漸厭惡龍宮的生活。一天，青龍獨自上岸遊玩，適逢人間舉行盛會，見此，十分嚮往人間美好生活，便化為一縷青絲投胎大耳婆而成為龍犬。龍犬為高辛帝解除危難，除掉番王，保衛中原，立了大功，被賜名槃瓠。他與高辛帝之女成婚，婚後，他稟奏高辛帝，要離開京城，不與百姓爭地，到深山老林去謀生。因此他與高辛女不遠萬里，到鳳凰山安家立業，生下三男一女，過著刀耕火種、狩獵的生活。二十年後，青龍的人間美事，終於傳到了想念哥哥的烏龍耳朵裡，烏龍十分羨慕，急欲會見離別多年的青龍，立即沿著韓江，尋上鳳凰山，他見到秀麗的嫂嫂高辛氏，又見盤、藍、雷三兄弟，一個個長得結實強壯……不禁嘖嘖讚美。但卻沒見到哥哥青龍。嫂嫂說，槃瓠一早已進深山打獵。他謝別嫂嫂，立即上山找哥哥去。

在茅山上，烏龍看見槃瓠正在追趕一隻老山羊，他便變成一條又粗又老的黑鬚藤，橫臥在路上，想與哥哥開個玩笑。槃瓠急於追趕老山羊，目無旁顧，只管使勁往前衝，沒料到被黑鬚藤絆了一跤，掉下萬丈山崖，氣絕死亡。烏龍見狀，急忙飛下山崖馱起槃瓠，返回哥哥家中。

高辛氏和兒女們見狀悲慟欲絕。烏龍痛楚地訴說原委，並重變黑鬚藤狀，意欲求得嫂姪的諒解。可是，青龍長子盤怨恨烏龍，掄起大刀，砍斷黑鬚藤。烏龍現出原形，見尾巴已斷，但仍為古藤，鮮血淋漓，便懊喪地說：「這段藤就留作紀念吧！」(1951 年，石古坪藍氏祖祠的龕下還存放一段古藤) 烏龍想：兄長已死，我身已殘，活著也無用，不如化作茶樹，彌補我之過失。他奏請玉帝，說為了撫養青龍的後代，願化作茶樹，供青龍子孫享用。玉帝准其所奏，並說烏龍原非等閒之輩，化作茶樹之後，當享有盛名，特賜烏龍有獨特韻味，香氣醉人，讓烏龍去造福人類！烏龍隨即吐了一口火，將自身焚燒成炭；接著又施一陣法術，將身子縮小近萬倍，形狀既雄姿舒展，又美妙纖巧。這就是當今人們所見的烏龍茶樹。

(二) 鐵觀音的傳說

鐵觀音於清雍正年間被發現，關於其由來，在安溪茶鄉大地上自古流傳著兩種傳說。

一是「魏說」：

相傳，清雍正三年 (1725 年) 前後，安溪西坪松林頭 (今西坪鎮松岩村)，有一位遠近聞名的茶師傅姓魏名蔭，他十分虔誠地信奉觀音。一天

晚上，魏蔭在熟睡中夢見觀音菩薩金身現於屋後的山崖上，他上山跪拜，就在那山崖的石縫中發現了一株奇異的茶樹，枝粗葉茂，噴發出一股誘人的蘭花香味。魏蔭正想探身採摘，卻被突然傳來的一陣犬吠聲驚醒。第二天清晨，魏蔭順夢中途徑尋覓，果然在石隙間發現一株與夢中所見一般的茶樹，細加觀察，茶樹葉形橢圓，葉肉肥厚，青翠欲滴，嫩芽紫紅，與一般茶樹大異。他喜出望外，遂在茶樹上包土壓條，悉心培植，待生根發芽後，把茶苗移植到家中，分種在幾個破鐵鍋內。時經三年，株株茁壯，葉葉吐翠，便適時採製，果然茶質特異，香韻非凡。凡飲過此茶的人，均讚不絕口，稱其為茶王。一天，有位私塾先生飲了此茶，驚奇地詢問來歷。魏蔭就把夢中所遇和移植經過，詳細地告知塾師，並說這茶在崖石中發現，崖石威武勝似羅漢，移植後種在鐵鍋中，想稱它為「鐵羅漢」。塾師聽後搖頭說:「有的羅漢猙獰恐怖，好茶豈能取此俗稱。此茶仍觀音托夢所獲，還是稱鐵觀音才雅！」魏蔭聽後連聲叫好。「鐵觀音」從此便成名。

二是「王說」：

安溪西坪堯陽南岩山（今西坪鎮南岩村），有位仕人王士讓，清康熙廿六年（1687 年）生於安溪縣崇信里堯陽鄉，清雍正十年（1732 年）以五經應試中副貢；乾隆十年（1745 年）任湖廣（今湖北）黃州府蘄州通判。王士讓平生喜愛收集奇花異草，曾築書房於南山之麓，名為「南軒」，書軒辟有一處花苗圃。清乾隆元年（1736 年）春，王士讓告假回鄉訪親會友，到南岩山麓遊覽，在一片荒園層石間，發現一株生態獨特的茶樹，香氣撲鼻，遂移植於南軒的苗圃裡。經過細心照料，壓枝繁殖，精心培育，茶樹枝葉茂盛，圓葉紅心。採製成茶，烏潤肥壯，氣味超凡。泡飲之後，氣香味醇。乾隆六年（1741 年），王士讓奉召赴京師，在拜謁禮部侍郎方苞時，攜茶相贈。方苞品飲後，認定該茶氣味非凡，確為珍品，遂轉獻內廷。乾隆帝飲後甚喜，召見王士讓，垂詢堯陽茶史。王士讓奏稟此茶發現之始末。乾隆帝細察、掂量茶葉，見其茶葉烏潤結實，茶沉如鐵，味香形美，猶如觀音，便賜名為「鐵觀音」。

安溪鐵觀音靠「觀音賜茶」和「皇帝賜名」的傳說，既與觀音菩薩結下不解之緣，又與乾隆皇帝搭上關係，一經問世就以其獨特的「觀音韻」和「蘭花香」的優異品質一炮打響，為廣大茶人所喜愛，聞名遐邇，譽滿天下。

現如今，在同一支山脈上的兩個鐵觀音傳說發端之地——「打石坑」和「南岩山」，都被開發成茶文化旅遊景點，每年都吸引了大批遊客前來一探究竟、一飽眼福。

(三) 大紅袍母樹的傳說

大紅袍母樹位於九龍窠的高岩峭壁上，1980 年代原為 3 株，現為 6 株，茶樹古樸蒼勁。1998 年 8 月 18 日，「第五屆武夷岩茶節暨武夷無我茶會」在大王峰山麓隆重舉行，會上進行了大紅袍茶葉的拍賣活動，20 克的大紅袍茶葉賣價達 15.68 萬人民幣，其珍貴由此可見。

「大紅袍」的名稱來自民間傳說。相傳，在古時，有一位進京趕考的舉人，路過武夷山，卻不幸染上重病，眼見考期將至，舉人心急如焚。天心永樂禪寺方丈以此茶熬藥給他服用，舉人得以痊癒。後來，高中狀元的舉人不忘救命之恩，專程來到茶樹下拜謝，並脫下身上的紅袍披於茶樹上。揭下紅袍後，茶樹閃發紅光，「大紅袍」以此得名。實際上，該茶樹葉片泛綠，但早春茶芽萌發時呈紅色，遠望似火，故得名，時人不過是借題發揮而已。

(四) 鳳凰單叢茶的故事

1. 烏嘴茶的傳說

傳說七百多年前，宋末小皇帝趙

昺一班人被元兵追趕，從福建逃到廣東。一天，他們逃進了鳳凰山，一直爬上烏崠頂天池，累得滿頭大汗，饑渴難忍，年幼的趙昺坐在草地上，叫嚷口渴要茶喝。隨從大臣奏說：「這裡雲霧高山，四野並無人家，哪裡有茶可喝？」趙昺聽後大哭，仍叫嚷要喝茶。這時，濃霧開處，晴空飄來一朵五彩祥雲，雲端上竟飛著一隻鳳凰鳥，鳥嘴中叼著一枝帶有綠葉的樹枝，飛到趙昺的面前，投下樹枝之後，即駕五彩祥雲冉冉而去。此情此景使大家十分詫異。趙昺拾起樹枝，見那翠綠的葉子惹人生愛，他看了又看，想了又想，若有所悟，摘了一片葉子放在嘴裡嚼著玩。他嚼著嚼著，忽然叫道：「啊，是茶葉，是鳥嘴含來的香茶葉！」

他欣喜若狂，分給每人一葉，大家一嘗，也都嚼得津津有味，都說是好茶。可是，樹枝上的葉子都摘完了，只剩枝頭上兩個茶果。趙昺好奇地剝開果殼，取出了裡面的八顆茶籽，種在地裡。誰知道茶籽一落地，即時生根、發芽、長葉、開花、結果，長成了八株茶樹。趙昺高興極了，又摘下茶果，取出茶籽，撒遍山坡，同時，興高采烈地舉起兩手高呼：「鳥嘴茶啊，快快長大吧！……」果真，茶籽撒到哪裡，就在哪裡生根、發芽、長葉，綠油油的茶樹終於把烏崠山蓋住了。

後來，茶樹栽遍整個鳳凰山區。鳳凰人把它稱為鳥嘴茶。

2. 茅寺的和尚與桂花香單叢茶

清初，烏崠山下有一座用茅草蓋的佛寺，每天善男信女如雲，香火十分旺盛。有一天，鳳凰一位進香的秀才見此情景，感慨萬分，即興為其書下「茅寺」兩字，作為匾文。後來，竟被一個粗識文字的人誤讀為「寺茅」，鬧成笑話，並傳了出去。自此，這個地方便稱為「寺茅」。後因潮語諧音訛傳為「字茅」。

這座茅寺雖簡陋樸素，但香案上的香、燭、果品卻擺得十分豐盛。院子裡種著菊花、芝蘭和含笑等花木，尤其是山門邊的桂花樹老幹虯枝，高大挺拔，四時散發著芬芳，伴隨著裊裊的香煙，香遍整個佛寺。

在寺邊的山坡上，有一片由寺內僧人經歷千辛萬苦開墾出來的茶園，園裡長滿了綠油油的宋種茶樹。每當採茶季節，僧人們沐浴更衣，穿上草鞋，戴上竹笠，提著竹籃進茶園採茶。他們把採來的茶葉攤開在桂花樹下晾乾「曝青」、又經「揉撚」、「烘焙」製出了味道甘醇的香茶。這些茶除了用來供奉禮佛和自己品飲外，還用以招待進香的人，因此人們稱它為「寺茅」單叢茶或「字茅」茶。隨著茅寺香火的旺盛，寺裡擁有的山林 越來越多，寺內僧人又把茶樹移植到山坡上的茶園裡，不到幾年茶樹就長滿了「字茅」山。

康熙五十九年（1720 年）清明節前後，風和日麗，茶芽粗壯，長勢十分喜人。當時適逢大坪村塗氏日新出家，並捐贈山林作為寺產，又做了功德，故被任為住持僧。自此，他便把採製單叢茶的手藝傳授給眾僧。他白天上茶園指導採茶，夜晚入茶間帶領僧徒「浪茶」、「炒茶」、「揉撚」，從不歇息。他足足煎了二十個日日夜夜，累得面黃肌瘦。在眾僧的共同努力下，他們終於製出一批具有天然桂花香味的單叢茶。

消息一傳開，山內山外的人爭先恐後攀登「字茅」山，到茅寺內外參觀、品嘗桂花香單叢茶，從此，茅寺的聲名伴隨著桂花香單叢茶的茶香飄蕩在整個鳳凰山。

3. 吳六奇與十里香單叢茶

清代，太子太保、左都督、饒平鎮總兵官吳六奇經精心策劃，選中鳳凰烏崠山的太子洞下的地方，調動大量的兵士和民工，在此大興土木，建設了一座前後兩棟、山門為三進、兩翼左右廊共四十五間的太平寺，歷四年之久，耗銀三千三百兩，於清順治庚子（西元 1660 年）竣工，轟動了饒平縣內外及周邊地區。

太平寺慶典之日，香火十分旺盛，四面八方都送來了賀禮，烏崠頂的山民也不例外，送來了大量的鳳凰單叢茶，以表示虔敬之心。

中午，吳六奇和太平寺的住持僧設了茶宴款待僧眾和居士以及山民等人。賓主步入客堂齋廳，見到席上的擺設，無不覺得詫異。以往是稀粥素菜，或是果品糖類，今天卻是在每人面前擺一碗橘紅色的茶湯、一碟茶油炒的嫩綠的茶葉和兩缽亮晶晶的白米飯。這一別開生面的茶宴，據說是羅浮山酥醪庵惠遠法師安排、操辦的，他用烏崠頂山民送來的成品茶和青葉作為原料做成。正當眾人疑惑的時候，吳六奇熱情地說道：「今日筵席異常乎？此乃以烏崠頂香茶作為理料的佳餚，比玉液瓊漿、燕窩魚翅、熊掌參茸更為珍貴。昔聞鳳凰單叢茶飲之能延年益壽，今日寺院落成慶典之茶宴，更是令人歡樂而祥和。因此，敬請諸位共饗之。」說罷，揮手示意僧眾、賓客入座。人們按序一一坐下，慢慢地品嘗起來。香噴噴的白米飯，芬芳的茶菜，甘甜的茶湯，十分可口，格外新鮮。人們無不稱奇讚絕。

午後，吳六奇告別了僧眾和居士人等，帶領軍士離開太平寺，翻山越嶺向饒平縣城進發。途中，在茅寺停下來小憩，吳六奇與城守葉某再談起茶宴的特色和鳳凰茶的特點，葉某說已跑了七里山路，口裡尚留有茶的餘香，喉頭也有茶的韻味，應該將此茶命名為七里香。吳六奇讚許地點點頭，並說道他們跋山涉水已有十里的路程，應該稱為十里香才恰當。眾人聽了，都拍手贊成。吳六奇又告訴大家，他已吩咐住持僧，要眾僧在太平寺後的山坡上開山種茶，就是種上這「十里香」單叢，讓太平寺的茶香飄溢十里。

果真，康熙元年（西元 1662 年）吳六奇捐俸銀 80 兩，購買了大庵村周邊的山地（上至烏崠泰石鼓，下至大坪村）共 99 畝（6.6 公頃），派遣兵士和僱用民工開墾茶園，並種上十里香單叢茶的品種。由於精細的管理，茶園呈現一派欣欣向榮的景象。

不久，饒平縣城（即今三饒鎮）、新豐圩、內浮山的茶鋪，不但有太平寺生產的十里香單叢茶，而且銷路十分暢通。因此，吳六奇種十里香單叢茶的事在民間被傳為佳話。

二、茶俗

安溪是個有著一千多年產茶歷史的古老茶鄉，有關茶的習俗在長期的生活累積中不斷演變發展，加上世代相襲、口傳心授，自然積澱而形成了當地獨具特色的茶俗。茶，融合在安溪茶鄉人民的生產、生活，以及衣食住行、婚喪喜慶、迎來送往的禮俗和日常的交際之中。迎賓送客以茶相待，是安溪世代相承的傳統禮俗。「安溪人真好客，入門就泡茶」，說的是只要你到安溪來作客，主人必定會拿出珍藏的上好茶葉，點起爐火，烹起茶來，請你品飲一番，正是「未講天下事，先品觀音茶」。茶葉，又是安溪人禮尚往來的首選禮品，親戚來往探問，朋友之間互訪，攜帶的見面禮也往往是特產名茶。這些與茶相關的習俗，慢慢地在閩南地區傳開，一

直延續至今。

(一) 安溪婚姻茶俗

早在明清時期，隨著安溪茶業的興盛，茶就以一種具有特殊意義的特殊形式融入婚俗。

婚前對歌成婚，是古代安溪茶鄉的特殊風俗之一。男女青年或於茶園，或以安溪茶歌調對歌，表達愛意。

古代安溪婚俗中，婚前禮儀中有一道叫「辦盤」的習俗，男女婚期既定，男家於婚期前若干日，要備齊聘金、禮盤到女家。禮品除雞酒、豬腿、麵線、糖品外，茶鄉往往還要外加本地產的上好茶葉。

婚宴之中，上幾道菜後，新郎新娘要按席敬茶。賓客受茶後要念四句吉利話逗趣助興，如「喝茶吃甜，祝願新郎、新娘明年生後生」等，假如賓客有意開玩笑，不願受茶時，新郎新娘不得生氣或藉故走開，要反覆敬茗，直至賓客就飲。

新婚的第二天清晨，新娘子要向公婆長輩敬茶。新郎逐一啟示稱呼，新娘跟著稱呼「阿爹」、「阿娘」，敬獻香茗。翁姑受茶後，須送飾物紅包壓盅，其餘家人也如是請茶壓盅。此風俗至今猶存。

婚後一個月，古代安溪民間有「對月」的習俗，新娘子返回娘家拜見父母。待返回夫家時，娘家要有一件「帶青」的禮物讓新娘子帶回，以示吉利。茶鄉往往精選肥壯的茶苗讓女兒帶回栽種。烏龍茶中的又一極品「黃旦」，便是當年出嫁女王淡「對月」時帶回培植的特種名茶。

(二) 安溪喪事茶俗

在安溪，喪葬禮儀中也有茶俗。在親戚奔喪、堂親送喪、朋友同事探喪時，主人都要對來客敬上清茶一杯。客人飲茶品甜企望得以討吉利、辟邪氣。清明時節，後輩上墳掃墓跪拜先祖，亦要敬奉清茶三杯。如清末著名詩人、茶商林鶴年在《福雅堂詩鈔》中曾記述，「於弟姪還鄉跪香致虔泣」時，「特囑弟姪於掃墓忌辰朔望時，作茶供，一如生時」。

(三) 安溪敬佛茶俗

每逢農曆初一和十五，安溪農村不少群眾有向佛祖、觀音菩薩、地方神靈敬奉清茶的傳統習俗。是日清晨，主人要趕個清早，在日頭未上山、晨露猶存之際，往水井或山泉汲取清水，起火烹煮，泡上三杯濃香醇厚的鐵觀音等上好茶水，在神位前敬奉，求佛祖和神靈保佑家人出入平安，家業興旺。虔誠者則日日如此，經年不輟。

(四) 武夷山「喊山」與「開山」

「喊山」：原是武夷山御茶園內舉行的一種儀式。武夷山御茶園通仙井畔建有一個五尺高臺，稱為「喊山臺」。每年驚蟄日，御茶園官吏偕縣丞等登臨喊山臺，祭祀茶神。祭畢，隸卒鳴金擊鼓，鞭炮聲響，紅燭高燒，茶農擁集臺下，同聲高喊：「茶發芽、茶發芽。」

「開山」：正式開山採摘之日，按照武夷山習俗規定，茶廠工人黎明起床，大家不得言語，漱洗完畢，先由茶廠的工頭帶領，在廠中供奉的楊太白神位前（據傳楊太白為武夷山茶之祖）焚香禮拜，然後進山開採。

(五) 潮州茶俗

傳說鳳凰茶道開始是藥用飲茶，然後才發展到茶宴飲茶，諸如清代順治十七年（1660 年）饒平等處總兵官吳六奇在鳳凰山太平寺開光慶典時設的茶宴，以茶油炒茶葉為菜，宴請八方來客。至乾隆、嘉慶年間，鳳凰鄉村間的茶宴更是興盛。例如：從嘉慶二年（1797 年）遺留下來的許多請宴帖式中發現：「× 月 × 日，×××× 事，敬具杯茗奉迎文駕，祗聆德誨，伏冀賁臨，曷勝欣躍。×× 頓首拜」和「× 月 × 日，×××× 事，治茗，敢屈玉趾共敘，清談，希冀蚤

臨，勿卻為愛。×× 啟」等請帖，說明當年以茶會友，以茶宴議事、簽約等已成風氣。在婚姻事中的茶禮，也頗盛行。如「女帖」（指房禮，嫁女三日前購禮物贈男家，俗云探房之禮。送禮之時遣使家人或小舅同往）云：「謹具書儀成對，糖糕百斛，甜茶八包，家雁四翼，奉申敬意。劣舅 ×× 頓首拜。」上廳送席之後，男家當回領謝帖，帖云：「謹具祿員全盒，團包全盒，茶餅滿百，鮮花滿盤。奉申，敬。姻小弟 ×× 頓首拜。時飛龍嘉慶 × 年 × 月 × 日穀旦。」婚慶的第二天清早，新娘在新郎的陪同下，手捧茶盤，一一向親人敬茶和請安問好，實行茶禮。一月後，新娘要上廟燒香，須請女客陪伴，請帖云：「翌日兒婦謁廟，拜茶，煩玉指教是幸。」在祭祀祝文中也有「清茶數杯」、「香茗數杯」、「茗香飄蕩，直上九霄」等語；甚至在掃墓、祭祀時，墓碑前、家神牌前總擺有三杯酒、三杯茶或六杯茶葉的，在祭品清單上也可見「香茗貳兩」或「茶葉半斤」等。由此可見，茶葉不但應用在日常生活中，而且在意識形態領域中也占了一定的位置。

（六）鳳凰茶諺語

在長期的生產勞動和日常生活中，鳳凰茶農不斷地總結出很多關於茶的諺語，為推動茶業生產和增加日常生活的樂趣產生了很大的輔助作用，例如：

(1)　種茶一二天，摘茶數百年。

(2)　春分發芽，清明摘茶。

(3)　春茶唔（不）摘，夏茶唔（不會）生。

(4)　頭茶不採，二茶不發。

(5)　採茶欲適時，曝茶著看天，浪茶五過（遍）手，炒茶孬（不可）燒乾（葉邊），踏茶欲滾圓，焙茶著及時。

(6)　好茶欲燜火薄焙。

(7)　做茶竅，日生香，火生色。

(8)　酒頭茶尾最精華。

(9) 茶頭（赤葉）有如粗糠有粟。

(10) 好茶不怕細品。

(11) 茶與米，同一起。（故稱茶葉為茶米）

(12) 寧可一日無米，不可一日無茶。

(13) 一早開門七件事：柴米油鹽醬醋茶。

(14) 粗茶淡飯不喝酒，一定活到九十九。

(15) 食茶唔燙嘴，輸過食山坑水（注1）。

(16) 茶不醉人，人自醉。

(17) 茶三酒四敕桃二（注2）。

(18) 待客茶為先。

(19) 待客無菸無茶，算什麼好人家。

(20) 茶好客常來。

(21) 人情好，食水（茶）甜。

(22) 茶薄人情厚。

(23) 寒夜客來茶當酒。

(24) 茶郎送茶丈，送到日頭上（太陽東升）（注3）。

(25) 早茶晚酒。

(26) 午茶提精神，晚茶難入眠。

(27) 好茶一杯，精神百倍。

(28) 濃茶能提神，香菸伴失眠。

(29) 常喝茶，少蛀牙。

(30) 水滾（沸騰）目汁（眼淚）流（注4）。

(31) 茶滿欺侮人，酒滿敬親人（注5）。

(32) 人走茶涼（注6）。

(33) 假力（勤快）洗茶渣（注7）。

注1：食茶唔燙嘴，輸過食山坑水——意思是說，要喝熱氣騰騰的茶湯。喝熱湯可以享受到撲鼻的花香、蜜香、茶香，也可以品嘗到獨特的鳳凰茶的山韻蜜味。否則，不如喝清洌甘甜的鳳凰山坑水。

注2：茶三酒四敕桃二——意思是說，飲茶三人，喝酒四人，旅遊兩人，為最佳人數。

注3：茶郎送茶丈，送到日頭上——古時候，有一茶郎約茶丈晚上以茶聚會。是晚兩人茶話到深夜

後，茶郎送返茶丈回家，路上仍千言萬語，互相送來送去，送到太陽東升還沒有把茶丈送到家。後來人們把情深誼重，難分難捨的人或事冠到這句話上。

注 4：水滾目汁流 —— 昔年，有一個傻女婿要前往岳父家拜壽，妻子吩咐他要有禮貌，要會應酬。傻女婿到了岳父家之後，他妻舅泡茶接待，他毫不客氣地抓杯連飲。他妻舅見狀，連忙泡了又泡，想讓他喝個夠。女婿牢記住妻子的「要會應酬」的話，繼續喝下去，但又覺得肚子飲得難受。見妻舅又添一泡茶葉，水壺的水又沸騰了，他抱著肚子，雙眼掉下淚來，喊：「慘呀，水滾目汁流呀！」後來，人們用「水滾目汁流」的話語來諷刺嘴饞而不禮貌的人，同時褒揚熱情款待客人的主人。

注 5：茶滿欺侮人 —— 茶湯滿杯時熱度高，加上杯壁薄傳熱快，因此很燙手，若此時主人招呼飲茶而捧杯，手就會被燙得很難受；如果這時放下茶杯，又覺得是對主人不禮貌。另一方面，杯滿時必須要小心翼翼地把茶杯端平，不然，會因把茶湯滴濺到自身潔淨的衣服上而尷尬。按慣例，斟茶是斟到茶杯的八分高，不能斟滿。所以說，斟茶人故意將茶斟滿了，是一種欺人的行為。

注 6：人走茶涼 —— 意思是說，人與人之間的關係疏遠了，感情就淡薄了。

注 7：假力洗茶渣 —— 昔年，在鳳凰山區的一個閒間，泡茶的「孟臣」朱砂罐，由於年長日久，罐壁附著許多赤紅色的「茶沿」，一位後生將罐洗得乾乾淨淨，不料長輩看見後，不但不讚揚他的清潔和勤快，反而惱怒地罵他「假力洗茶渣，力不得法，輸過惰」。據說由於這些茶渣的存在，只要投幾片茶葉下去就能泡出很香很濃的茶湯來，甚至不下茶葉也可泡出具色、香、味的茶湯。後來，人們把熱心而辦錯事、吃力不討好的行為稱為「假力洗茶渣」。

（七）臺灣茶與寺廟

臺灣的宗教信仰是十分普遍的，也是多元的，佛教、道教、伊斯蘭教以及基督教、天主教等，都有廣泛的信徒。臺灣人也愛喝茶，一度盛行茶禪一味的飲茶形式，現在這種形式的茶會也在大大影響其他茶會，於 1990 年 6 月 2 日在臺灣妙慧佛堂舉行的首次佛堂茶會，後來慢慢演變成國際無我茶會。臺灣不僅有著世界最大、最高的佛教寺廟——中台禪寺，也有寺院建築規模宏偉的佛光山，這些寺廟往往設有禪茶室。以佛光山為例，寺廟不收取門票費，且提供茶點食用、茶禪體驗（參加人數如果成團 15 ～ 45 人，需要提前預約），這些是不收費的，但設有功德箱，遊客只需隨緣布施就行。此外，佛光山通往佛陀紀念館的路途中，有一處品飲休憩區，這是在星雲法師倡議下修建的，遊客依身體需求，可以在這裡免費喝茶，感受臺灣奉茶文化。

佛光山禪茶

三、茶事活動

(一) 武夷山鬥茶賽

武夷山鬥茶賽由茶葉局、星村鎮、天心村、黃村，及茶葉流通協會、海峽兩岸茶博會等舉辦，每年都在夏、秋兩季舉行，由主辦單位邀請有關人士參加評審，獲獎產品推陳出新，不計其數，花樣繁多，如大紅袍、肉桂、水仙、紅茶、品種茶等，獎項有狀元、金獎、銀獎、優質獎。

茶王賽源於古代的鬥茶，建人謂之茗戰，又稱點茶或點試，是古代審評茶葉品質優次的一種茶事活動。鬥茶最早興起於唐朝，盛行於宋代貢茶之鄉的建州北苑龍焙和武夷山茶區，故當今的茶王賽與宋代鬥茶有著淵源關係。

宋代茶人、著名文學家范仲淹〈和章岷從事鬥茶歌〉生動地描述了當時武夷茶區鬥茶活動的熱烈場面，「北苑將期獻天子，林下雄豪先鬥美」、「黃金碾畔綠塵飛，碧玉甌中翠濤起。鬥茶味兮輕醍醐，鬥茶香兮薄蘭芷」、「勝若登仙不可攀，輸同降將無窮恥」。宋代鬥茶是為北苑貢茶評選「上品龍茶」的原料，能奪取鬥品的桂冠是無上光榮。

元代「武夷御茶園」創立，武夷石乳茶透過「鬥茶」成為龍鳳茶貢品。武夷比屋皆飲，處處品茶。畫家趙孟頫有幅《鬥茶圖》，參與鬥茶者有的足穿草鞋身背雨傘，有的袒胸露臂，這些人都是平民百姓，絕非官宦學士，說明了鬥茶活動當時已很普及。

清末民初，鬥茶逐漸發展為各類名茶的茶王賽。其形式多樣，規模大小不一。有民間賽也有官方賽，有產茶區賽，還有縣、省、中國比賽以至國際賽。閩北水仙在 1914 年巴拿馬萬國商品博覽賽會上獲得金質獎。

1935 年福建省特產賽會上，武夷岩茶獲一等獎。

張天福指導武夷山 2009 春茶評比

(二) 安溪茶王賽

安溪最精彩的茶俗當推茶王賽。每逢新茶登場時節，茶農們要攜帶各自製作的上好茶葉聚在一起，由茶師主持，茶農人人參與評議，從「形、色、香、韻」諸方面細細品評，孰好孰劣當場判定，有的地方還敲鑼打鼓地把「茶王」送回家。

茶王賽的形式豐富多彩，規模大小不一，有民間自發組織的，也有官方發動組織的；有村落賽，也有區域賽，更有縣、省乃至中國組織的賽茶活動，常以同一茶類、同一茶種進行比賽。在安溪，每年春、秋兩季茶葉收穫時節經常舉辦茶王賽。奪得茶王桂冠的茶農，頭戴禮帽，身穿禮服，佩戴紅綢帶，手捧證書，滿臉春風地坐上富有民間特色的茶王轎，由數百上千人組成的彩旗隊、管樂隊、鑼鼓隊、舞獅隊簇擁著，吹吹打打，踩街繞村，一派歡騰氣氛。

佛光山禪茶

安溪縣政府為提高茶農的茶葉生產積極性，鼓勵科學製茶、製好茶，

由縣鄉各級政府組織開展茶王賽，制定嚴格的比賽規則、審評定分辦法，並把茶王賽搬上茶事活動舞臺，使其成為業界、新聞媒體的焦點。如今茶王賽已經成為一項每年都舉辦的常規賽事，遍及縣、鄉甚至村，閩南各產茶縣、一些社會機構也常年組織茶王賽活動。

今天的安溪茶王賽，既保留傳統的一面，又融入了時代精神，把賽茶王融進茶歌、茶舞、茶藝表演等活動中，成為茶文化中一道獨特的景觀。

安溪鐵觀音茶王賽評審規則

審評時，採用百分制計分。外形占總分數的 20%（其中條形緊結度、勻整度占 15 分，色澤占 5 分），內質占總分數的 80%（其中香氣 30 分、滋味 30 分、湯色 5 分、葉底 15 分），得分最高的為茶王賽的茶王。

鑑評鐵觀音從「觀形、聞香、察色、品韻、看葉底」等方面入手。

第一步是觀形。茶葉外形包括條索和色澤，條索以緊結重實為佳，色澤以油潤翠綠、呈現鮮紅點為佳。

第二步是聞香。每次稱取 6 克樣品，放入 110 毫升的工夫杯，以剛煮沸的開水沖泡，1 分鐘後掀杯蓋，聞香氣。香氣以鮮強、純正、持久，並具鐵觀音特殊香氣為佳。

第三步是察色。沖泡 1～2 分鐘後倒出茶湯，看茶湯的顏色和清澈度，以金黃色、清澈明亮為佳。

第四步是品韻。可用茶匙取茶湯 6～8 毫升嘗滋味，以醇厚甘鮮，並具音韻味為佳。每個茶樣都需要沖泡 2～3 次，反覆聞香氣、嘗滋味進行綜合分析。第五步是看葉底。即在沖泡結束後審看葉底，先聞葉底餘香，之後把茶渣倒入葉底盤中，以清水泡洗，看品種純度、嫩度、做青程度等，葉底以肥嫩、黃亮、呈青蒂綠腹紅鑲邊為佳。

(三) 臺灣無我茶會

無我茶會是 1989 年由臺灣陸羽茶藝中心蔡榮章先生創辦，於 1990 年 12 月 18 日舉行了首屆國際無我茶會，1991 年 10 月 14—20 日由中、日、韓三國七個單位聯合在福建和香港舉辦了幔亭無我茶會，1992 年 11 月 12—17 日舉辦了第四屆國際無我茶會，出席的代表人數共 300 餘人，2015 年由浙江大學承辦的第十五屆國際無我茶會，參加者超千人。無我茶會已發展成在中、日、韓、新、美國等國舉辦的茶文化活動。無我茶會是一種大眾飲茶的茶會形式，參加者都自帶茶葉、茶具，人人泡茶，人人品茶，一味同心，以茶對傳言，廣為聯誼，忘卻自我。現在通常每 2 年在各地輪流召開 1 次大型的國際無我茶會，通常於母親節、中秋節舉辦，以提倡傳統倫理精神、增進人倫關係。

無我茶會精神簡介

無我茶會是一種「大家參與」的茶會，其舉辦成敗與否，取決於是否展現了無我茶會的精神：

第一，無尊卑之分。茶會不設貴賓席，參加茶會者的座位由抽籤決定，在中心地還是在邊緣地，在乾燥平坦處還是潮溼低窪處不能挑選，自己將奉茶給誰喝，自己可喝到誰奉的茶，事先並不知道，因此，不論職業職務、性別年齡、膚色國籍，人人都有平等的機遇。第二，無「求報償」之心。參加茶會的每個人泡的茶都是奉給左邊的茶侶，現時自己所品之茶卻來自右邊茶侶，人人都為他人服務，而不求對方報償。第三，無好惡之分。每人品嘗四杯不同的茶，因為事先不約定帶來什麼樣的茶，難免會喝到一些平日不常喝甚至自己不喜歡的茶，但每位與會者都要以客觀心態來欣賞每一杯茶，從中感受到別人的長處，以更為開放的胸懷來接納茶的多種類型。第四，時時保持精進之心。每泡一道茶，自己都品一杯，每杯泡得如何，與他人泡的相比有何差別，要這樣時時檢省，以使自己的茶藝不斷精深。第五，遵守公告約定。茶會進行時並無司儀或指揮，大家都按事先公告的項目進行，養成自覺遵守約定的美德。第六，培養集體的默契。茶會進行時，均不說話，大家用心泡茶、奉茶、品茶，時時自覺調整，約束自己，配合他人，使整個茶會快慢節拍一致，並專心欣賞音樂或聆聽演講，人人心靈相通，即使幾百人的茶會亦能保持會場寧靜、安詳的氣氛。

(四) 臺灣全民喝茶日活動

每年的 4 月 7 日是世界衛生組織為宣導運動對健康之重要而制定的「世界健康日」(World Health Day)，在這種運動健康的導向下，臺灣茶協會提出為推動全臺人民喝茶、奉茶的運動，提倡臺灣傳統喝茶、奉茶的精神，並宣導「多多喝茶，健康多多」的觀念，於 2015 年起在每年的 4 月 7 日至 6 月底 (大約每年的清明與穀雨二節氣間) 舉辦「世界健康日、全民喝茶日」活動。

①臺灣茶研發推廣中心
②茶事活動宣傳海報
③茶文化旅遊景點

「世界健康日、全民喝茶日」活動簡介

為找回早期臺灣社會「奉茶孝親」的文化和「路邊奉茶」的人情味，並彰顯奉茶精神中對人的關懷，舉辦 2015 年「世界健康日、全民喝茶日」活動，活動內容多樣，主要包括以下活動：4 月 2 日於孫運璿科技人文紀念館舉辦「茶· 科技與人文」記者會，以茶藝、茶歌、茶席與腦波科技為主題，讓人體驗茶科技與人文的對話。現場進行了腦波體驗活動，分析各人腦波形態後，與「文山包種」、「臺灣烏龍」、「東方美人」和「日月潭紅茶」配對。4 月 7 日當天在臺北、桃園、中壢、新竹、苗栗、彰化、嘉義、臺南、高雄、廈門等十個火車站、高速公路服務區、學校及百貨公司等地點，擺設茶席免費向旅客奉茶，讓臺灣名茶在各地同步飄香。另自當日起至 6 月底止，全臺灣由南到北數十家農會、茶行及茶企業響應本活動，舉辦各種不同形式的主題茶會品茗活動，並配合茶品折價促銷活動（詳細活動內容與配合商家可上臺灣茶協會網站查詢）。最特別的還數 4 月 7 日在臺北火車站舉辦的文青奉茶之快閃活動，集結了臺北東方工商與元培醫事科技大學的學生共同參與此項活動。

（五）臺灣茶香書會

在臺灣，有些活動會融入濃濃的茶元素，以期更好地傳播和推廣當地茶文化。例如，2014 年 12 月 7 日舉辦的「臺灣閱讀節」主題為「閱讀茶香活動」，該次活動配合展示各種臺灣特色茶的製作流程（如文山包種茶、高山茶、凍頂烏龍茶、東方美人茶、鐵觀音以及綠茶和紅茶等）及實體特色茶茶樣，還展示了青心烏龍、臺茶 12 號、臺茶 18 號等品種茶樹盆栽，並現場沖泡臺灣特色茶給民眾品飲；活動還配設有典雅的茶席展演茶藝，供民眾參觀體驗。

（六）大型綜合性茶業博覽會

伴隨著茶產業的快速發展，各種茶事活動紛紛登場。主要活動組織基本由地方政府和中國茶葉流通協會主辦。在閩南地區，主要有由福建省人民政府和中國茶葉流通協會主辦的每年一屆的中國茶都（安溪）國際茶業博覽會。博覽會已經連續舉辦 6 屆。此外還有中華茶產業國際合作高峰會活動，有安溪縣人民政府主辦的「安溪鐵觀音神州行」、「安溪鐵觀音美麗中國行」等系列活動，在武夷山有每年 11 月 16—18 日舉辦的海峽兩岸茶業博覽會。

（七）臺灣木柵觀光茶園著名的旅遊景點

現下臺灣的觀光茶園很多，但第一個觀光茶園是 1980 年設立於木柵的，茶園內有示範農戶約 100 家。

享負盛名的張迺妙茶師對臺灣烏龍茶業貢獻巨大，不僅在於他的事蹟，還在於他是一個樂於分享的愛茶人，從事著茶葉的傳播工作，進行多年茶葉教學工作。1935 年，臺灣茶葉宣傳協會授予他「青銅花瓶」獎，以表彰他對臺灣茶業的奉獻精神。後人為了紀念他的德績，在其辭世後，在臺北木柵建立「張迺妙茶師紀念

①專業農戶茶園標識牌
②六堆客家文化園區 —— 茶特展
③日月老茶廠開放參觀的一處景點
④專業農戶茶園

館」（建於其古厝）和「紀念墓碑」，如今已成為觀光茶園內著名的旅遊景點。

（八）美不勝收的阿里山觀光茶園

阿里山的姑娘美如水啊，阿里山的少年壯如山啊！一首耳熟能詳的歌曲，唱出臺灣阿里山的好山、好水、好人家，吸引眾多遊客前往探究。近年，臺灣結合空間、文化與產業開發的以「茶」為主題的旅遊行程，引來無數遊客。位於中低海拔、盛產「珠露茶」的石棹，又稱石桌、石卓，是阿里

山區的公路中心點，內有竹林相伴、茶園相依，景致優美、生態類型豐富，是著名的觀光茶園，這裡的「頂石棹步道」是阿里山風景區裡的一大亮點。觀光茶園透過採茶、體驗製茶、DIY 茶點與品嘗創意茶餐等方式，讓茶產業更具文化深度並能獲得多元的發展。

(九) 茶香悠悠的大稻埕

早期的大稻埕是臺灣新文化的啟蒙地，是臺灣歷史上的茶葉重鎮和茶葉集散重地。19 世紀後半葉，大稻埕開始種製、銷售烏龍茶，得淡水河通運之利，這裡一度茶香四溢、洋行林立。如今，踏入大稻埕，一些往日茶足跡依舊可尋。如：甘谷街 110 年歷史的「茶商公會大樓」，存有焙籠、竹簍、焙籠間；重慶北路的「有記茶行」，貴德街的「錦記茶行」，民生西路的「新芳春茶行」，西寧北路的「南興茶行」(現為全祥茶廠舊址) 以及甘州街的「大稻埕長老教會禮拜堂」等等。時至今日，茶文化仍在大稻埕扮演著重要的角色。漫步在大稻埕的遊客，可以在現實世界和無盡的回憶遐想中，細細品嘗一個百年老街區濃濃的茶文化味。

大稻埕故事工坊

大稻埕特色老茶店

大稻埕老茶店一隅

第十一篇

流芳：烏龍茶之傳播

一、烏龍茶對外貿易

（一）閩南烏龍茶對外貿易

閩南地區早在晉朝已有種茶的歷史記載，記載最早見諸南安豐州古鎮蓮花峰的摩崖石刻「蓮花茶襟太元丙子」。比陸羽在唐至德、乾元（756—760 年）年間寫成的《茶經》還要早 400 年。閩南最著名的茶區安溪，種茶、製茶最遲始於唐代。海上茶葉之路始於宋元時期，明清時期茶葉大量出口，清代以來茶業開始步入興盛，安溪烏龍茶大量外銷。

研究表明，最遲在北宋，泉州地區的茶葉便已開始外銷，如皇祐時（1049—1054 年）晉江縣南部的大宅諸村廣植茶圃，產品曾運銷兩粵及交趾（即廣東、越南一帶）。史載，兩宋時期，泉州的社會經濟發展迅速，各種手工業蓬勃發展，為海外貿易提供了豐富的外銷商品，海外交通更加繁榮。泉州港是中國內外進出口商品最大的集散中心和中國對外貿易最重要的港口之一。《宋會要輯稿》記載：「國家置市舶司於泉、廣，招徠島夷，阜通貨賄，彼之所闕者，絲、瓷、茗、醴之屬，皆所願得。」至南宋，泉州地區生產的茶葉與瓷器、絲綢、酒等，同為海外各國渴望獲得的重要出口商品。

元代茶葉生產和銷售均承襲南宋格局並有所發展，此時泉州的對外貿易步入巔峰時期，茶葉生產和出口增加。

明代中後期，安溪大部分區域已遍植茶樹，成為烏龍茶工藝的發源地之一，且最先發明了茶樹無性繁殖法，形成茶產業並進入商品化市場。清代以來，安溪茶農不斷總結植茶、製茶經驗，茶業開始步入興盛，安溪烏龍茶大量外銷。

清康熙初年，茶葉外銷量迅速增

加，史料記載：「以此（茶）與番夷互市，由是商賈雲集，窮崖僻徑，人跡絡繹，哄然成市矣。」英商胡夏米在鴉片戰爭前曾對福建貿易貨物進行調查，並採購了兩種安溪茶，在他的紀錄中寫道：「安溪茶，廣州經常售價是十八兩或二十兩」，「合豐牌，一大箱安溪茶，廣州市價約十六兩」。據英商的紀錄：1838—1939 年，在廣州採購的安溪茶為 10.6 萬磅，約合 4.5 萬多公斤。五口通商後，葡萄牙商人開始插手歐洲茶葉貿易，從而推動了澳門茶葉市場的發展，安溪茶商在這一時期直接從安溪販運茶葉到澳門出售。

據廈門口岸海關資料記載：咸豐八年至同治三年間（1858—1864 年），英國每年從廈門口岸輸入的烏龍茶達 1800—3,000 噸，由於當時閩北、閩東的茶葉大多從福州出口，故一般認為，廈門輸出的茶葉主要產自安溪。僅光緒三年（1877 年）一年，英國從廈門口岸輸入的烏龍茶就高達 4,500 噸，其中安溪烏龍茶占 40% ～ 60%。

清末民初，中國社會動盪，但即便如此，安溪人卻在東南亞開辦茶行，使安溪茶葉在國外市場的影響不衰。據估計，清末民初，安溪人在本地和外地設立的茶號已達 120 多家，部分以外銷為主。

從 17 世紀始，茶葉大量外銷，直到 19 世紀末，茶葉一直獨占國際市場，且這些外銷茶多以泉州茶為主。歷史上，閩南烏龍茶對外貿易從未間斷。特別是日本以及東南亞地區，一直是烏龍茶的主銷區。由於東南亞諸國華僑眾多，不僅喜歡喝家鄉的茶，更有一部分人熱衷於推廣和銷售閩南烏龍茶，因此，閩南烏龍茶又有著僑銷茶之稱。

中華人民共和國成立後，茶葉是重要的出口物資，在外貿中占有重要地位，茶葉出口創匯依然保持較高比例。

1955 年 7 月後，中國對外貿易

均由對外貿易部統一領導，統一管理，各項進出口業務均由各外貿專業公司統一經營，實現了國有外貿專業公司對外貿易的壟斷經營。同年專門成立的農產品採購部取代中茶總公司負責茶葉採購、加工、分配調撥、價格掌握、倉儲、運輸、出口貨源供應以及國內市場銷售等職能。中華中國供銷總社成立後，農產品採購部撤銷，其職能移交給供銷總社，外貿部仍然負責茶葉出口業務。1956 年 1 月撤銷中國茶葉公司，茶葉出口業務由新成立的中國茶葉出口公司負責經營。

1958—1978 年，對外貿易體制相對穩定，直至 1984 年，機構名稱、職能有所變化，但體制保持不變。一些產茶省、區地方沒有進出口權，只是按照國家出口計畫聚集貨源、安排加工、調撥供應指定口岸公司，統一拼配包裝後出口。

1984 年後 6 月以後，茶葉管理和流通體制逐步放開，部分企業取得自營進出口權，再往後，則全面放開。

2015 世界茶商大會（廈門）武夷山市副市長江書華發言

1980年代始，隨著茶葉市場的放開，以安溪鐵觀音為代表的閩南烏龍茶出口量倍增，市場範圍不斷擴大。近年來安溪鐵觀音茶企業組團聯合進軍歐美市場，在法國設立歐洲行銷中心，鐵觀音集團、八馬、三和及華祥苑等茶企或在海外設立專營店，或與外國政府機構合作開發指定產品，舉辦巡迴品鑑活動，除了散裝茶出口，小包裝產品也大力進軍國外市場，並取得良好成績。

安溪鐵觀音歐洲行銷中心

(二) 武夷岩茶香飄海外

明萬曆三十五年（1607年），武夷茶被荷蘭東印度公司從澳門購買後，經爪哇於1610年運到荷蘭，並轉至英國，從此開啟了武夷茶出口歐美的先河，武夷茶從此步入世界市場。其後，英國人也到福建廈門採購武夷茶，當時倫敦市場上只有中國武夷茶，而無其他茶類。歐人皆以武夷茶為中國茶之總稱。

安溪鐵觀音對外茶文化交流與品鑑

清代是武夷岩茶走向輝煌的時代，武夷岩茶受到世人的好評，聲名遠揚，善於品茗的乾隆皇帝在其〈冬夜烹茶詩〉中提到武夷岩茶的「岩骨」，詩曰「就中武夷品最佳，氣味清和兼骨鯁」。此後，從政客幕僚到文人雅士，品飲岩茶已然成為一種時尚，很快傳至廣州、潮汕、香港、臺灣，隨後烏龍茶則銷往東南亞各國，飲者多為華僑，武夷岩茶故有「僑銷茶」的雅名。早期武夷茶的外銷水陸兼運，1840 年代五口通商後，廈門、福州成為外銷港口，海上茶路代替了北上茶葉之路，成為武夷茶銷往各國的主要途徑。據《武夷山市志》記載：光緒六年（1880 年），武夷山出口清茶 20 萬公斤，價值 35 萬元。

在海上「茶之路」中，瑞典東印度公司從 1730 年代起頻繁遠航中國進口大量的武夷茶，1984 年打撈起的「哥德堡號」貨船上，船上的實物包括 370 噸茶葉，其中大部分是武夷茶。

1980 年代，武夷岩茶悄然進入日本市場，深為扶桑人士喜愛，被譽為保健、健美之品。1985 年，日本知名女作家佐能典代女士蒞臨武夷山探訪武夷茶事，並在東京和京都興辦「岩茶坊」，推介武夷岩茶。1990 年代，日本富士電視臺到武夷山拍攝節目，系統地向日本人民介紹武夷岩茶，在日本國內掀起了武夷岩茶熱，尤其是武夷岩茶製成的罐裝飲料，在日本市場熱銷不衰。

「哥德堡號」貨船

二、烏龍茶內銷

歷史上，烏龍茶內銷範圍主要在長江以南。隨著中國茶葉管理和流通體制的改革、放開（與外貿體制一樣，由計劃經濟走向市場經濟），烏龍茶企業開始全面進軍中國市場，各地政府大力推動茶產業的發展，建市場，打品牌，做文化，並到中國各地舉辦各種宣傳推廣活動，掀起一場場安溪鐵觀音、武夷山大紅袍、廣東鳳凰單叢、臺灣烏龍茶熱潮，讓中國各地的消費者認識了烏龍茶，提高了烏龍茶的知名度，促進了茶葉的消費。

①第三屆海峽茶博會上，福建省時任書記盧展工和時任省長黃小晶視察武夷山展館
②武夷山一西安茶產業互助發展策略合作協定
③武夷山組團參加西安茶博會，陝西省委常委政法委書記祝列克等到展
④ 2008 年武夷山茶企首次組團走進黑龍江茶博會

(一) 潮州茶葉市場

1990 年代末以後，潮州茶葉市場出現前所未有的良好發展態勢。

1999 年 7 月，潮州市茶葉銷售調查結果如下：

經市、縣（區）二級工商管理部門登記註冊的茶葉經營單位 1,000 餘家；銷售通路主要是鳳凰、鋪埔、黃岡、上浮山、坪溪等不同形式的茶葉市場；龍頭企業在茶葉行銷中發揮重要作用；茶葉流通走向基本為內銷，潮汕地區、梅州市占六七成；零售據點發達，遍布城鄉，市區的大街小巷、住宅園區，茶葉商鋪舉目可見，構成一道獨特的風景線，充分展示「中國烏龍茶之鄉」的魅力；外地設點經營成為拓展市場的重要途徑，全市在省內各地以及外省設立茶葉經營點近 300 家，僅鳳凰茶農在廣州市開設的茶葉經營點就有 180 家。

2000 年，全市茶葉產量 9,215 噸，增產 2,000 噸，單產 13,000 公斤 / 公頃。

進入 21 世紀之後，茶產量仍然不斷增加，隨著電腦、網路的普及，很多茶農、茶商開始透過網路管道對潮州單叢茶進行初步的推廣。

2004 年，潮州單叢茶開始透過網路進行對外宣傳，讓更多地區、國家了解潮州鳳凰單叢茶。如「葉叢嘉」品牌單叢開始在網路最大的茶葉論壇三醉齋進行茶葉推廣。

2005 年，潮州茶業遭遇低潮期，此階段茶葉產量雖然還有所增加，但潮州對外交通不發達，推廣不全面，內銷也受限，茶葉積壓的情況較嚴重，茶價下降，如當時饒平的普通白葉茶，每斤 7、8 元人民幣，夏暑茶最低每斤竟然僅售 3.5 元人民幣。茶價的暴跌，嚴重地影響了茶農的收益。

2006 年，隨著網路的推廣和對外的宣傳，潮州單叢茶葉市場逐漸復甦。

2007 年，全市茶園面積 8,000 公頃，茶葉總產量 8,600 噸，茶葉第一產業生產總值 4 億元人民幣，覆蓋人口占全市人口的 22.45%。潮州茶產業具備可持續發展的優勢和基礎，成為越來越具有影響力的特色專業經濟。

2010 年起，單叢茶的市場認知度有較大提升。如 2010 年，潮州市天羽茶業有限公司的「葉叢嘉」鳳凰單叢茶成功入選廣州亞運會八大名茶，在國內形成新的影響。單叢茶開始透過各地茶館的品飲宣傳，聲名遠播，吸引更多四面八方的茶商茶客前來收購單叢茶，從而刺激了潮州單叢茶葉的市場，也帶動了當地經濟的發展。

21 世紀以來，潮州工夫茶更是潮汕地區每家必備的飲品，越來越多人渴望學習潮州工夫茶沖泡技藝，了解潮州茶文化。所以，潮州工夫茶從生活領域走進文化領域，更加深入地影響著人們的生活。

如今，潮州茶葉市場在社會形勢和政策的影響下，呈現越來越具有市場預期性的規律。隨著網路的快速發展，潮州單叢茶的市場越來越興盛，主要以內銷為主，不再像之前那樣依賴外銷。但是，潮州茶葉老字型大小卻在歷史的洪流中瀕臨消失，如今在潮州市區竟然找不到幾家土生土長的茶葉老字型大小了。但是，潮州單叢茶的發展趨勢無可限量，它必定在不久的將來為潮州經濟的發展開闢一條新的道路。

(二) 烏龍茶在上海

上海是國際性的大都市，是中國最大的經濟中心和貿易港口，也是中國重要的科技中心、貿易中心、金融和資訊中心。在這裡人們對茶文化的認知與西方咖啡文化非常類似。上海的茶葉批發市場有上百個之多，茶葉種類也非常完善。比較有特色的是帝芙特廣場，其以經營茶葉為主，兼售各種品牌咖啡、酒店用具和設備，是茶葉與咖啡市場的融合。帝芙特廣場帶給消費者獨有的中西文化體驗，是

東西方飲品文化結合的市場典範，是一個茶香酒香咖啡飄香、商情文情友情交織的一個以茶文化為主題的創意園區，在這裡西方咖啡文化和東方茶文化完美地結合在一起。

由於上海的地理位置接近浙江，人們飲茶時習慣以西湖龍井為主，很多人也樂意消費口感偏甜的紅茶，人們喝茶的主要訴求以健康養生為主。近年來，越來越多的年齡集中在35～60歲的主流族群開始接受烏龍茶，主要原因是覺得綠茶紅茶的口感單一且沒有「韻味」，而烏龍茶由於其濃郁的花香乳香及豐富的口感變化層次而備受茶友們的推崇。很多來自世界各地的朋友都非常樂意接受中國的茶文化，他們認為中國茶不僅歷史非常悠久，同時也非常健康，甚至可以代替藥物。而在上海，很多白領以品飲烏龍茶為時尚，他們會選擇一些容易沖泡的茶飲料如人參烏龍等，喝茶也是為了緩解大城市快節奏帶來的壓力。

在上海，提起烏龍茶，人們首先想到的是鐵觀音、臺灣高山烏龍和武夷山大紅袍等知名度高的茶。慢慢地，隨著人們對茶的訴求逐漸明確：健康有機沒有添加劑，很多包裝簡單價格適中的烏龍茶也成為公司商務用禮品。同時，上海人對茶葉的消費非常理性，高CP值和口感外觀，是上海人消費烏龍茶的主要原因，同時他們也非常強調茶葉消費的場所和氛圍。

（三）烏龍茶在重慶

說起重慶茶文化，有蓋碗茶、壩壩茶。重慶南橋寺茶葉市場、天月茶城、京閩茶都這三個市場的茶葉銷量，擁有主城區批發80%以上的市場占有率。

閩北大紅袍、閩南鐵觀音、廣東鳳凰水仙及單叢等品種，先前因為相對本埠茶價格比較昂貴，最初只有極少數的大中型茶館才備有。現在，像大紅袍、鐵觀音等烏龍茶這些外埠名茶已然逐漸被重慶部分小眾茶客所接受，但尚未形成市場氣候，除了推廣和普及因素之外，主要還是環境因素、品飲習慣和價格問題。

上海茶文化旅遊節現場製茶工藝展示

三、臺灣烏龍茶行銷

（一）在臺烏龍茶的轉口貿易期

臺灣茶葉的發展經歷了漫長的歷史時期，在荷蘭殖民者占據臺灣期間，臺灣自種、自製的茶葉量很少，荷蘭人一度將臺灣作為轉口貿易的據點，臺灣本地產製的砂糖、來自中國的茶葉和人參、日本的樟腦等，一些荷蘭人和部分中國商人把這些物品透過臺灣運往印度、中東，或經巴達維亞運往世界各地。發展到清朝初期，臺灣的茶葉國際貿易依舊是一種轉口貿易方式。

（二）臺灣烏龍茶輸出的快速發展期

臺灣本地產製的烏龍茶在清朝時期是主要的外銷物產。自嘉慶年間福建商人柯朝氏將茶種引入臺灣後，臺灣北部開始種植茶葉，到道光年間已出現一批以栽製茶葉為生的茶農，這個時期生產的茶葉也運往福州販賣。咸豐年間舉人林鳳池除了帶回福建茶苗種植於鹿谷鄉凍頂山，也將閩南的製茶工藝帶到臺灣。光緒年間張迺妙等人在木柵樟湖地區種植由安溪引進的鐵觀音茶種，1870 年代，恆春知縣周有基鼓勵滿洲鄉港口農民種茶。

第二次鴉片戰爭後，清政府被迫開通淡水港為國際通商口岸，開港後馬上吸引許多洋行前來大稻埕設茶廠。多德就是第一批到淡水從事茶葉貿易的英國商人之一，創立了英國寶順洋行，1866 年開始在臺灣種植、收購茶葉，並設置茶葉精製工廠。1869 年寶順洋行載著 21 萬斤（105,000 公斤）打著「FORMOSA TEA（福爾摩沙茶）」標誌的烏龍茶直銷歐美市場。

至 1872 年，大稻埕便有寶順、德記、怡記、水陸和愛利士等五大洋行從事臺茶貿易。五大洋行在臺北爭購烏龍茶，使臺茶售價大漲，利潤大增，刺激各地茶農擴大種植。臺灣史學家連雅堂在其著作《臺灣通史·農業志》中寫道：「夫烏龍茶為臺北獨得風味，售之美國，銷路日廣，自是以來，茶業大興，歲可值銀二百數十萬圓，廈汕商人之來者，設茶行二三十家，茶工亦多安溪人，春至冬返，貧家婦女揀茶為生，日得二三百錢，臺北市況為之一振。」可見，當時烏龍茶市場盛況空前。

茶葉為臺灣主要的出口產物，淡水海關公文書中正式記錄：1865年，臺灣出口茶葉82,022公斤。但是1872年大稻埕烏龍茶滯銷，大部分烏龍茶只能運往福州改製包種茶。1881年，福建同安人士吳福老到臺創立「源隆號」，精製包種茶並外銷。不久，泉州安溪的王安定、張占魁兩人合辦「建成號」茶莊，從事經營包種茶之販賣。包種茶在臺灣也就漸漸與臺式烏龍茶並駕齊驅了。劉銘傳任臺灣巡撫之後著意發展茶業，建議對茶葉貿易徵稅，再將所得稅收用於「扶墾經費」。1889年，為維護茶市，為團結業界，劉銘傳令茶業界成立「茶郊永和興」，改良製茶技術，擴張茶葉市場。1893年臺式烏龍茶外銷量高達9800餘噸，1896年臺茶輸出金額占總輸出額的一半之多。

(三) 臺灣烏龍茶輸出的衰退期

日本統治臺灣的50年中，茶葉出口值年平均占全臺出口值的30%，但日本在臺灣重點發展的是紅茶產業，1918年臺式烏龍茶年銷8,800噸，為歷年最高，1944年包種茶輸出7,800噸，為20世紀中期前的最高量。

抗日戰爭勝利初期，主要由臺灣區製茶工業公會引領臺灣茶產業的發展，茶品依然以紅茶、綠茶為主角對外銷售，而後隨著臺灣工業的發展、人工成本增加和茶本身的競爭優勢減弱等問題的出現，臺灣茶葉的外銷逐漸衰退。

(四) 臺灣烏龍茶內銷的興起時期

1970 年代末，臺灣人均茶葉消費量開始增加，這得益於諸多力量的作用。這一時期臺灣經濟開始富裕，興起的高海拔茶區茶葉品質好，加上茶藝文化的推進，茶藝館的興起，優良茶比賽的帶動，茶葉內銷提振，臺茶價格有所回升，飲茶人口增加，且人均茶葉消費量顯著提升，從 1980 年的 344 克到 1998 年的 1,300 克，再到 2013 年的 1,670 克。

1990 年代後，臺灣茶葉生產的成本增加，許多茶農前往中國以及越南、泰國等地開設茶園，種植、加工綠茶和紅茶，但臺灣烏龍茶，尤其是臺灣高山烏龍茶，由於其對山場有特殊要求，所以在臺灣茶葉進口超越出口的大背景下，臺灣烏龍茶始終是臺灣茶葉市場的寵兒。

四、茶事深耕

(一) 潮州茶葉百年老字型大小在清末民初的情況

清末民初時期，因為受到當時新思想、新政策的影響，民間的貿易出現了短暫的興隆。當時，在潮州這片土地上，有很多家大大小小的茶葉字型大小和茶行紛立，它們共同承擔著促進潮州經濟貿易發展的角色，將潮州鳳凰茶賣到世界各地。

據《中國茶葉外銷史》記載：「19 世紀中葉，廣州茶葉輸出已達出口總量的 50% 以上，均由廣州裝運出口，運銷歐洲、美洲、非洲及南洋各地，如……饒平的『單叢鳳凰』和『線烏龍』……。」

黃柏梓在《中國鳳凰茶》一書中寫道：「光緒年間，鳳凰人帶著烏龍和鳥嘴茶渡洋過海，到中印半島、南洋群島開設茶店，進行茶葉的銷售活動。」

《鳳凰單叢》一書記錄道：

民國四年（1915 年），開設在東埔寨的鳳凰春茂茶行，選送的兩市斤鳳凰水仙茶在巴拿馬萬國商品博覽會上榮獲銀獎。由此，有力地促進了茶葉商業在中印半島的發展。至 1930 年，周邊市就有鳳凰人開設的茶鋪 10 多間，越南有 10 多間，泰國也有 10 多間。民國十二年（1923 年）就因 20 多家茶商大量收購、裝運茶葉出洋，使茶價猛漲。

邱陶瑞先生在《潮州茶葉》中說：「由於海路通達，商貿活躍，茶葉大量出洋，茶商四處搶購，茶價飆升，一斤茶（時 1 斤等於現在 0.75 公斤）值大米 12.5 公斤，最高可值大米 60 公斤，鳳凰水仙一斤一個光洋，鳳凰單叢茶一斤可賣 5 ～ 6 個光洋。茶葉商行紛立，遍及城鄉，當時僅鳳凰圩就有茶葉收購加工商戶 20 多家。直接經銷鳳凰山系茶葉並販運出洋的有黃泰昌、陳協盛、李裕豐、珠記、偉記、逑記、美記、天生、榮記等 14 家，以及三饒林順圃，經營西岩山系茶葉並出口的主要商號有上饒陳坑鄉集然號。民國二十三年（1934 年），潮安縣城（潮州）有永萬昌、憶春、逑記、天豐、茂成、順圃 6 家茶行，而煙絲茶葉兼賣的商鋪多達 45 家。商家銷售活躍，茶價日漲，大大刺激了茶葉生產發展，山下的農民紛紛棄農上山墾荒植茶，植茶、加工、收購、轉販出洋，環環相扣，處處見利，生機勃勃，可謂登峰造極，整個北部山區呈現一片滿山皆茶園的景象。1937 年，茶園面積 6.000 多畝，產量 150 多噸，茶商裝運出口的茶葉有 6,000 多件，即 2,400 擔，餘則經由小商販轉銷於潮汕、興梅各地。」

由此可見當時茶葉字型大小及商行等的大致情況：

一是當時潮州商貿活躍，茶商見

有利可圖，便大量進購當地茶農的茶葉，迎來茶價飆升的熱潮期。

二是因茶葉熱賣，有的農民甚至棄農上山植茶，茶區種茶、採茶、製茶迎來熱潮。

三是海路的通達，使得海上貿易成為可能，大量的茶葉經茶商銷售出口，價格不菲，從而刺激當地的茶葉生產，茶葉產量也出現短暫的上升期。

四是當時賣茶的形式多樣：有的是個體經營，如黃泰昌、陳協盛、李裕豐等 14 家商鋪；有的是專門從事茶葉採購、批發的商行，如永萬昌、憶春、述記、天豐、茂成、順圃 6 家茶行；還有將茶葉和菸絲一起銷售的商鋪達 45 家。

清末至民國時期，茶葉生產發達，經營形式在私有制的基礎上有了一些進步，除了私人種茶、自主經營外，出現了一些新型經營模式。一是雇工經營。清末民初，饒平上饒陳坑鄉赤棠村詹廣昌，雇工數十人於西岩山種茶。二是產銷聯營。1925 年至 1937 年，饒平錢東劉處角村劉亞平與潮安茶商聯營，雇工於錢東望海嶺至青嵐村一帶種茶 200 餘畝，所產茶葉由茶商銷售。三是合股經營，民國初期至 1930 年代，饒平上饒陳坑鄉赤棠村詹昌記等農民合資 100 股，於西岩山墾植茶園數百畝，商號內稱「集義」，外稱「集然」，年產茶葉近 10 噸運銷泰國。

值得一提的是，詹廣昌雇工經營饒平西岩茶十餘年後慘遭沒落，幸好後來由赤塘村詹昌記等當地農民合股經營，經營方式的改變，使詹昌記又重現新機。

也就是說，這個階段的茶葉字型大小或茶行等受社會局勢的影響很大，潮州茶葉貿易市場雖呈現短暫的興盛，但茶農仍然擺脫不了茶商的茶價控制，加上當時科學不發達，種茶技術還有待提升，因而茶農雖然終年奔波勞碌，卻仍獲利甚少，難獲溫飽，也難以度日。此時，潮州工夫茶的品飲習慣仍然能夠流傳下來，且飲茶之風達到興盛，茶具也頗為講究，主要是因為官商地主買辦階級的存在，飲茶活動主要在這個階層之間進行，老百姓則節衣縮食，疏於飲茶。

(二) 現今烏龍茶知名企業（農會）

部分烏龍茶知名企業（農會）

序號	企業
1	天福茗茶（臺灣天仁茗茶）
2	安溪八馬茶業
3	安溪鐵觀音集團
4	安溪華祥苑茶業
5	廈門山國飲藝
6	安溪魏蔭茶業
7	安溪中閩魏氏
8	安溪日春茶業
9	安溪三和茶業
10	安溪感德龍馨
11	安溪華福茶業
12	安溪冠和茶業
13	安溪祥華茶廠
14	安溪穎昌茶廠
15	武夷山茶葉總廠
16	武夷星茶業有限公司
17	武夷山永生茶業有限公司
18	武夷山九曲溪前岩茶廠
19	武夷山綠洲茶業有限公司（山爾堂）
20	武夷山興九茶有限公司

21	武夷山清神閣茶葉有限公司
22	武夷山天心岩茶園茶廠
23	武夷山北岩岩茶精製廠
24	武夷山岩茶廠
25	武夷山南湖生態茶業有限公司
26	武夷山琪明茶業科學研究所
27	武夷山天邑茶業有限公司
28	武夷山古茶道茶業有限公司
29	武夷山桃淵茗茶葉科學研究所有限公司
30	武夷山通仙茶業有限公司
31	武夷農業生態園有限公司
32	武夷山跑馬崗岩茶廠
33	武夷山碧丹岩生態茶葉有限公司
34	武夷山十八寨岩茶有限公司
35	武夷山青龍食品（九曲山茶葉）有限公司
36	武夷山富翔茶業有限公司
37	武夷山綠洲茶業有限公司
38	武夷山岩霧茶業有限公司
39	武夷山正袍國茶茶業有限公司
40	武夷山瑞泉岩茶廠
41	武夷山北斗岩茶研究所
42	武夷山九龍袍茶業有限公司
43	武夷山內山茶坊有限公司
44	武夷山慧苑岩茶科學技術研究所

45	武夷山華輝九龍岩茶廠
46	武夷岩生態茶業有限公司
47	武夷山欽品茶業有限公司
48	武夷山瑞善生態茶業有限公司
49	武夷山廣卉茶業有限公司
50	武夷山芳茂茶業有限公司
51	武夷山隆袍茶業有限公司
52	武夷山七茶齋茶業有限公司
53	武夷山紅錦堂茶業有限公司
54	武夷山九鶴茶業有限公司
55	武夷山瑞芳茶葉發展有限公司
56	武夷山天泉岩茶廠
57	武夷山茗上緣茶業有限公司
58	武夷山岩皇茶廠
59	武夷山興舒岩茶有限公司
60	武夷山岩上茶業有限公司
61	武夷山幔亭岩茶研究所
62	武夷山永樂天閣茶業有限公司
63	武夷山焦嶺關生態茶業有限公司
64	武夷山幔亭峰茶業有限公司
65	武夷山森林公園茶廠
66	武夷山丹韻茶業有限公司
67	武夷山青獅岩茶廠
68	武夷山林海原生態茶業有限公司
69	武夷山金紅袍茶業有限公司
70	武夷山繼昌茶莊

71	武夷山葉嘉岩茶廠
72	武夷山擎天岩茶廠
73	武夷山皇龍袍茶葉有限公司
74	武夷山裕興茶葉公司
75	武夷山其雲岩茶公司
76	武夷山夷發茶葉科學研究所
77	武夷山袍中天茶業
78	武夷山佳宏盛達茶葉有限公司
79	武夷山成隆天創茶業公司
80	武夷山東潤有機茶葉有限公司
81	武夷山金日良茗茶業
82	武夷山龍輝茶業
83	武夷山廬峰岩茶廠
84	武夷山紫宏茶業
85	武夷山丹苑茶業
86	武夷山岩儒茶業
87	潮州市天羽茶業有限公司
88	鳳凰南馥茶葉有限公司
89	鳳凰鎮鵬龍茶業發展有限公司
90	鳳凰天池茶葉公司
91	潮州市千庭投資有限公司
92	潮州市天下茶業有限公司
93	汕頭市雲津茶業有限公司
94	臺灣王有記茶行
95	臺灣林華泰茶行
96	臺灣惠美壽茶行

97	臺灣嶢陽茶行
98	臺灣和昌茶莊
99	臺灣紫藤廬茶館
100	臺灣翰林茶館
101	臺灣遨山茶坊
102	臺灣茶二指故事館
103	臺灣鹿谷鄉農會
104	臺灣凍頂茶葉生產合作社
105	臺灣竹山鎮農會
106	臺灣梅山鄉農會
107	臺灣阿里山茶葉生產合作社
108	臺灣魚池鄉農會
109	臺灣信義鄉農會
110	臺灣仁愛鄉農會
111	臺灣和平鄉農會
112	臺灣福壽山農場
113	臺灣木柵區農會
114	臺灣坪林區農會
115	臺灣石門區農會
116	臺灣新竹縣農會
117	臺灣北埔鄉農會
118	臺灣名間鄉農會
119	臺灣瑞穗鄉農會
120	臺灣三峽區農會

附錄一　安溪烏龍茶主要種植品種

安溪烏龍茶主要種植品種表

序號	名稱	原產地	主要特徵
1	鐵觀音	西坪鎮	無性系、灌木型、中葉類、遲芽種
2	黃旦	虎邱鎮	無性系、小喬木型、中葉類、早芽種
3	本山	西坪鎮	無性系、灌木型、中葉類、中芽種
4	毛蟹	大坪鄉	無性系、灌木型、中葉類、中芽種
5	梅占	蘆田鎮	無性系、小喬木型、大葉類、中芽種
6	大葉烏龍	長坑鄉	無性系、灌木型、中葉類、中芽種
7	佛手	虎邱鎮	無性系、灌木型、大葉類、中芽種

安溪烏龍茶其他品種

分類	名稱
早芽種	大紅、白茶、科山種、早烏龍、早奇蘭
中芽種	菜蔥、崎種、白樣、紅樣、紅英、毛猴、猶猴種、白毛猴、梅占仔、厚葉種、香仔種、硬骨種、皺面吉、豎烏龍、伸藤烏、白桃仁、烏桃仁、白奇蘭、黃奇蘭、赤奇蘭、青心奇蘭、金面奇蘭、竹葉奇蘭、紅心烏龍、赤水白牡丹、福嶺白牡丹、大坪薄葉
遲芽種	肉桂、墨香、香仁茶、慢奇蘭

附錄二　武夷岩茶種植品種

序號	名稱	原產地	主要特徵
1	大紅袍	武夷山	無性系，灌木型，中葉類，晚生種
2	水仙	建陽	無性系，小喬木型，大葉類，晚生種
3	肉桂	武夷山	無性系，灌木型，中葉類，晚生種
4	黃觀音	福建省茶科所選育	無性系，小喬木型，中葉類，早生種
5	黃旦	安溪虎邱	無性系，小喬木型，中葉類，早生種
6	丹桂	福建省茶科所選育	無性系，灌木型，中葉類，早生種
7	金觀音	福建省茶科所選育	無性系，小喬木型，中葉類，早生種
8	白芽奇蘭	平和縣	無性系，灌木型，中葉類，晚生種
9	梅占	安溪蘆田	無性系，小喬木型，大葉類，中生種
10	毛蟹	安溪大坪	無性系，灌木型，中葉類，中生種
11	佛手	安溪虎邱	無性系，灌木型，大葉類，中生種
12	黃奇	福建省茶科所選育	無性系，小喬木型，中葉類，早生種
13	九龍袍	福建省茶科所選育	無性系，灌木型，中葉類，晚生種

14	春蘭	福建省茶科所選育	無性系，灌木型，中葉類，早生種
15	悅茗香	福建省茶科所選育	無性系，灌木型，中葉類，中生種
16	黃玫瑰	福建省茶科所選育	無性系，小喬木型，中葉類，早生種
17	金牡丹	福建省茶科所選育	無性系，灌木型，中葉類，早生種
18	金玫瑰	福建省茶科所選育	無性系，小喬木型，中葉類，早生種
19	紫牡丹	福建省茶科所選育	無性系，灌木型，中葉類，中生種
20	矮腳烏龍	建甌東峰	無性系，灌木型，小葉類，中生種
21	金鳳凰	武夷山茶科所選育	無性系，小喬木型，中葉類，中生種
22	鐵羅漢	武夷山	無性系，灌木型，中葉類，中生種
23	白雞冠	武夷山	無性系，灌木型，中葉類，晚生種
24	水金龜	武夷山	無性系，灌木型，中葉類，晚生種
25	半天妖	武夷山	無性系，灌木型，中葉類，晚生種
26	北斗	武夷山	無性系，灌木型，中葉類，中生種
27	金桂	武夷山	無性系，灌木型，中葉類，晚生種
28	金鎖匙	武夷山	無性系，灌木型，中葉類，中生種
29	白瑞香	武夷山	無性系，灌木型，中葉類，中生種
30	雀舌	武夷山	無性系，灌木型，小葉類，特晚生種
31	瓜子金	武夷山	無性系，灌木型，小葉類，晚生種
32	武夷菜茶	武夷山	有性系，灌木型，混生種

附錄三　鳳凰單叢茶種植品種

序號	香型	名稱	原產地	主要特徵
1	黃枝香型	宋種 1 號	鳳凰烏崠山	有性系，喬木型，大葉類，中芽種
2		大白葉 1 號	鳳凰烏崠山	有性系，喬木型，大葉類，中芽種
3		大叢樹 1 號	鳳凰山	有性系，喬木型，大葉類，遲芽種
4		紅蒂仔	鳳凰烏崠山	有性系，喬木型，大葉類，中芽種
5		烏葉黃梔香 1 號	鳳凰山	有性系，喬木型，大葉類，遲芽種
6		黃茶香 1 號	鳳凰烏崠山	有性系，喬木型，中葉類，中芽種
7		紅蒂 1 號	鳳凰烏崠山	有性系，喬木型，中葉類，中芽種
8		黃梔香 1 號	鳳凰山	有性系，喬木型，中葉類，中芽種
9		絲線茶	鳳凰烏崠山	有性系，喬木型，小葉類，遲芽種
10		大骨貢 1 號	鳳凰山	有性系，小喬木型，大葉類，中芽種
11		黃茶香 2 號	鳳凰烏崠山	有性系，小喬木型，大葉類，中芽種

12	黃枝香型	黃梔香 2 號	鳳凰山	有性系，小喬木型，大葉類，中芽種
13		木仔（芭樂）葉 1 號	鳳凰烏崠山	有性系，小喬木型，大葉類，中芽種
14		宋種 2 號	鳳凰烏崠山	有性系，小喬木型，中葉類，遲芽種
15		老仙翁	鳳凰烏崠山	有性系，小喬木型，中葉類，遲芽種
16		幼香黃梔香	鳳凰大質山	有性系，小喬木型，中葉類，遲芽種
17		黃梔香 3 號	鳳凰山	有性系，小喬木型，中葉類，中芽種
18		紅蒂 2 號	鳳凰山	有性系，小喬木型，中葉類，中芽種
19		黃茶香 3 號	鳳凰烏崠山	有性系，小喬木型，中葉類，中芽種
20		大烏葉 1 號	鳳凰山	有性系，小喬木型，中葉類，中芽種
21		大骨頁 2 號	鳳凰烏崠山	有性系，小喬木型，中葉類，中芽種
22		白葉黃梔香 1 號	鳳凰烏崠山	有性系，小喬木型，中葉類，遲芽種
23		木仔（芭樂）葉 2 號	鳳凰烏崠山	有性系，小喬木型，中葉類，遲芽種
24		白葉黃梔香 2 號	鳳凰山	有性系，灌木型，中葉類，遲芽種
25		黃梔香 4 號	鳳凰烏崠山	有性系，灌木型，小葉類，中芽種
26		紅蒂 3 號	鳳凰山	無性系，小喬木型，大葉類，中芽種

27		向東種黃梔香	鳳凰山	無性系，小喬木型，大葉類，中芽種
28		柿葉	鳳凰烏崠山	無性系，小喬木型，大葉類，中芽種
29		油茶葉 2 號	鳳凰山	無性系，小喬木型，大葉類，中芽種
30		海底撈針	鳳凰烏崠山	無性系，小喬木型，大葉類，中芽種
31		特選黃梔香	鳳凰大質山	無性系，小喬木型，中葉類，遲芽種
32		烏葉黃梔香 2 號	鳳凰烏崠山	無性系，小喬木型，中葉類，中芽種
33		忠漢種黃梔香	鳳凰石古坪	無性系，小喬木型，中葉類，中芽種
34	**黃枝香型**	棕蓑挾	鳳凰烏崠山	無性系，小喬木型，中葉類，中芽種
35		團樹葉 1 號	鳳凰大質山	無性系，小喬木型，中葉類，中芽種
36		油茶葉 1 號	鳳凰山	無性系，小喬木型，中葉類，中芽種
37		黃梔香 5 號	鳳凰山	無性系，小喬木型，中葉類，中芽種
38		佳常黃梔香	鳳凰烏崠山	無性系，灌木型，中葉類，遲芽種
39		宋種 3 號	鳳凰山	無性系，灌木型，中葉類，中芽種
40		黃梔香 6 號	鳳凰大質山	無性系，小喬木型，小葉類，中芽種
41	**芝蘭香型**	鯽魚葉	鳳凰烏崠山	有性系，喬木型，中葉類，遲芽種
42		芝蘭香 4 號	鳳凰烏崠山	有性系，喬木型，小葉類，中芽種

43	芝蘭香型	雞籠刊	鳳凰烏崠山	有性系，小喬木型，大葉類，中芽種
44		芝蘭香 1 號	鳳凰烏崠山	有性系，小喬木型，大葉類，遲芽種
45		芝蘭香 2 號	鳳凰山	有性系，小喬木型，大葉類，中芽種
46		乃慶	鳳凰烏崠山	有性系，小喬木型，大葉類，中芽種
47		竹葉 1 號	鳳凰山	有性系，小喬木型，大葉類，中芽種
48		大叢茶 2 號	鳳凰烏崠山	有性系，小喬木型，中葉類，中芽種
49		似八仙	鳳凰烏崠山	有性系，小喬木型，中葉類，遲芽種
50		芝蘭香 3 號	鳳凰山	有性系，小喬木型，中葉類，中芽種
51		兄弟茶	鳳凰烏崠山	有性系，小喬木型，中葉類，中芽種
52		芝蘭香 5 號	鳳凰山	有性系，小喬木型，中葉類，遲芽種
53		花香單叢茶（東方紅之父）	鳳凰烏崠山	有性系，小喬木型，小葉類，遲芽種
54		柑葉	鳳凰烏崠山	有性系，灌木型，中葉類，中芽種
55		山茄葉	鳳凰山	無性系，喬木型，大葉類，遲芽種
56		八仙	鳳凰烏崠山	無性系，喬木型，中葉類，遲芽種
57		雷扣茶	鳳凰烏崠山	無性系，小喬木型，大葉類，遲芽種
58		芝蘭香 6 號	鳳凰山	無性系，小喬木型，大葉類，中芽種
59		立夏芝蘭	鳳凰山	無性系，小喬木型，大葉類，遲芽種
60		竹葉 2 號	鳳凰烏崠山	無性系，小喬木型，大葉類，中芽種
61		白八仙	鳳凰山	無性系，灌木型，大葉類，遲芽種

62	**芝蘭香型**	芝蘭香 7 號	鳳凰山	無性系，灌木型，中葉類，中芽種
63	**桂花香型**	團樹葉	鳳凰烏崠山	有性系，小喬木型，中葉類，遲芽種
64		油茶葉 3 號	鳳凰山	有性系，小喬木型，小葉類，早芽種
65		桂花香	鳳凰山	無性系，喬木型，中葉類，中芽種
66		群體	鳳凰山	無性系，小喬木型，中葉類，中芽種
67	**柚花香型**	柚花香	鳳凰山	有性系，喬木型，大葉類，中芽種
68		油茶葉 4 號	鳳凰烏崠山	有性系，小喬木型，中葉類，遲芽種
69		柚葉	鳳凰烏崠山	有性系，小喬木型，中葉類，遲芽種
70	**玉蘭香型**	金玉蘭	鳳凰山	有性系，小喬木型，大葉類，早芽種
71		娘仔傘	鳳凰山	有性系，小喬木型，中葉類，遲芽種
72		玉蘭香	鳳凰山	無性系，小喬木型，中葉類，遲芽種
73	**夜來香型**	夜來香	鳳凰烏崠山	有性系，喬木型，大葉類，遲芽種
74	**薑花香型**	薑母香	鳳凰山	有性系，小喬木型，大葉類，中芽種
75		薑花香	鳳凰烏崠山	有性系，小喬木型，中葉類，中芽種
76		通天香	鳳凰烏崠山	有性系，小喬木型，中葉類，遲芽種
77	**茉莉香型**	茉莉香 1 號	鳳凰烏崠山	無性系，灌木型，大葉類，中芽種
78		茉莉香 2 號	鳳凰烏崠山	無性系，小喬木型，大葉類，遲芽種
79	**橙花香型**	橙花香	鳳凰烏崠山	有性系，小喬木型，中葉類，中芽種
80	**天然果蜜味香型杏仁香型**	杏仁香 1 號	鳳凰烏崠山	有性系，小喬木型，中葉類，中芽種
81		桃仁香	鳳凰烏崠山	有性系，小喬木型，中葉類，遲芽種

82	天然果蜜味香型杏仁香型	杏仁香2號	鳳凰山	有性系，小喬木型，中葉類，中芽種
83		大烏葉2號	鳳凰山	無性系，小喬木型，中葉類，中芽種
84		鋸剁仔1號	鳳凰烏崠山	無性系，小喬木型，中葉類，中芽種
85		鋸剁仔2號	鳳凰烏崠山	無性系，灌木型，小葉類，中芽種
86	肉桂香型	過江龍	鳳凰烏崠山	有性系，喬木型，中葉類，遲芽種
87		肉桂香	鳳凰山	無性系，小喬木型，大葉類，中芽種
88	楊梅香型	楊梅葉	鳳凰烏崠山	有性系，小喬木型，小葉類，中芽種
89	薯味香型	香番薯1號	鳳凰烏崠山	有性系，小喬木型，大葉類，遲芽種
90		香番薯2號	鳳凰烏崠山	無性系，小喬木型，大葉類，遲芽種
91	咖啡香型	火辣茶	鳳凰烏崠山	有性系，喬木型，中葉類，中芽種
92	蜜蘭香型	蜜蘭香	鳳凰山	無性系，灌木型，大葉類，中芽種
93		白葉單叢	饒平和潮安	無性系，灌木型，大葉類，特早芽種
94	苦味型	苦種單叢	鳳凰烏崠山	有性系，小喬木型，大葉類，中芽種
95		苦茶	鳳凰山	有性系，小喬木型，大葉類，中芽種
96		苦種茶	鳳凰烏崠山	有性系，小喬木型，中葉類，遲芽種
97		苦種	鳳凰山	有性系，小喬木型，中葉類，中芽種
98	其他清香型	大茶仔	鳳凰烏崠山	有性系，喬木型，大葉類，中芽種
99		香茶	鳳凰山	有性系，喬木型，大葉類，早芽種
100		團樹葉2號	鳳凰山	有性系，小喬木型，大葉類，中芽種
101		香茶（三）	鳳凰山	有性系，小喬木型，大葉類，中芽種

102	其他清香型	香茶（一）	鳳凰山	有性系，小喬木型，大葉類，遲芽種
103		香茶（二）	鳳凰山	有性系，小喬木型，大葉類，中芽種
104		大胡蜞 1 號	鳳凰烏崠山	有性系，小喬木型，中葉類，中芽種
105		奇蘭香	鳳凰烏崠山	有性系，小喬木型，中葉類，遲芽種
106		蟑螂翅	鳳凰烏崠山	有性系，小喬木型，小葉類，中芽種
107		黃茶丕	鳳凰山	有性系，小喬木型，小葉類，早芽種
108		大白葉 2 號	鳳凰烏崠山	有性系，小喬木型，小葉類，遲芽種
109		大蝴蜞 2 號	鳳凰烏崠山	無性系，小喬木型，大葉類，中芽種
110		蛤股撈	鳳凰山	無性系，小喬木型，中葉類，早芽種
111		金絲仔	鳳凰烏崠山	無性系，小喬木型，中葉類，遲芽種
112		峯門 1 號	鳳凰烏崠山	無性系，小喬木型，中葉類，中芽種
113		峯門 2 號	鳳凰烏崠山	無性系，灌木型，大葉類，遲芽種
114	石古坪烏龍	細葉石古坪烏龍 1 號	鳳凰石古坪	有性系，灌木型，小葉類，遲芽種
115		細葉石古坪烏龍 2 號	鳳凰石古坪	無性系，灌木型，小葉類，遲芽種
116		大葉石古坪烏龍	鳳凰石古坪	無性系，灌木型，小葉類，中芽種
117	色種（引進茶樹品種）	佛手	福建安溪	無性系，小喬木型，大葉類，早芽種
118		奇蘭	福建安溪	無性系，灌木型，中葉類，遲芽種
119		鐵觀音	福建安溪	無性系，灌木型，小葉類，中芽種

附錄四　臺灣烏龍茶樹品種特徵表

臺灣：適製烏龍茶的茶樹品種特徵表

品種	適製茶品	優缺點	主要分布地
青心烏龍	高山烏龍	製成的茶品質優異，但樹勢較弱，易患枯枝病且產量低	嘉義縣阿里山、南投名間鄉及鹿谷鄉等地
青心大冇	東方美人	產量高且適製性廣，但葉肉稍厚且質硬	桃園、新竹、苗栗三縣
大葉烏龍	鐵觀音	生長較迅速，但枝條較疏，葉厚質硬	零星散布於汐止、七堵深坑、石門、瑞穗等地區
硬枝紅心	鐵觀音	同上，生長較迅速，產量中等。滋味偏澀現較常製成紅茶	臺北淡水茶區
紅心大冇	白毫烏龍	生長較迅速，但不及硬枝紅心等	新浦、北浦、竹東等鄉鎮
黃心烏龍	白毫烏龍	同上	苗栗縣
鐵觀音	鐵觀音	特有的觀音韻，但生長緩慢，適應性較弱產能也較低	木柵
四季春	包種茶	生長強勁、產量大，但製成的包種茶風味特性不如青心烏龍在市場上受歡迎	木柵、嘉義、南投

臺茶 12 號	烏龍茶	具有獨特的奶香味，樹勢旺盛，方便機採，茸毛短多但比青心烏龍少	全臺各茶區
臺茶 13 號	烏龍茶	由於滋味特殊具強烈花香，因此日漸受到歡迎，可在全臺種植	可在全臺種植
臺茶 22 號	烏龍茶	春冬季製輕發酵茶，夏季製成毫烏龍，均優於金萱，產量高、栽培容易、製成率高	剛推出，適合種植在中海拔茶園
備註：臺灣種植的適製烏龍茶茶樹品種，另有武夷茶、水仙、佛手、梅占、臺茶 5 號、臺茶 6 號、臺茶 14 號、臺茶 15 號、臺茶 16 號、臺茶 17 號、臺茶 19 號、臺茶 20 號等品種但因各種因素使得栽植面積較小，與六龜野生茶相似，無法大面積普及。			

參考文獻

1. 安溪縣農業志編纂委員會。安溪縣農業志 [M] 。北京：中國文史出版社，2013。
2. 張家坤。鐵觀音大典 [M] 。福州：海峽出版發行集團 / 福建美術出版社，2010。
3. 宛曉春、夏濤等。茶樹次生代謝 [M] 。北京：科學出版社，2015。
4. 屠幼英。茶與健康 [M] 。北京：中國出版集團／世界圖書出版公司，2011。
5. 謝文哲。茶之原鄉 [M] 。北京：世界圖書出版公司北京公司，2014。
6. 詹羅九、鄭孝和、曹利群等。中國茶葉經濟的轉型 [M] 。北京：中國農業出版社，2004。
7. 李宗垣、淩文斌。安溪鐵觀音製作與審評 [M] 。福州：海潮攝影藝術出版社，2006。
8. 首屆海峽兩岸茶業博覽會。首屆海峽兩岸茶業博覽會「生態健康和諧」茶業論壇論文集 [Z] 。安溪：內部刊物，2007。
9. 陳水潮。安溪茶業論文選集 [Z] 。安溪：內部刊物，2004。
10. 趙大炎。漫話武夷茶文化 [Z] 。武夷山：內部刊物，2000。
11. 福建省崇安縣委員會文史資料編輯室。崇安縣文史資料第 3 輯 [Z] 。武夷山：內部刊物，1983。
12. 李遠華。第一次品岩茶就上手 [M] 。北京：旅遊教育出版社，2015。

13. 肖天喜。武夷茶經 [M] 。北京：科學出版社，2008。
14. 羅盛財。武夷岩茶名叢錄 [M] 。北京：科學出版社，2007。
15. 葉漢鐘、黃柏梓。鳳凰單叢 [M] 。上海：上海文化出版社，2012。
16. 邱陶瑞。潮州茶葉 [M] 。廣州：廣東科技出版社，2009。
17. 鳳凰茶樹資源調查課題組編印。潮州鳳凰茶樹資源志 [Z] 。潮州：內部刊物，2001。
18. 邱陶瑞。中國鳳凰茶：茶史·茶事·茶人 [M] 。深圳：深圳報業集團出版社，2015。
19. 程啟坤。臺灣烏龍茶 [M] 。上海：上海文化出版社，2008。
20. 陳煥堂。臺灣茶第一堂課（初版）[M] 。臺北：如果，大雁文化出版，2008。
21. 陳俊良等。識茶、試茶、適茶，體驗不一樣的宜蘭茶系列活動 [J] 。茶業專訊，2015（3）：7-8。
22. 吳聲舜。六龜野生茶介紹 [J] 。茶情雙月刊，2015（3）：8-9。
23. 劉銘純。茶葉自動傾斜攪拌機介紹 [J] 。茶情雙月刊，2015（2）：54。

烏龍茶

大紅袍、文山包種、東方美人、木柵鐵觀音……從栽種到品鑑，步入齒頰留香的烏龍茶世界

作　　者：李遠華

發 行 人：黃振庭

出 版 者：崧燁文化事業有限公司

發 行 者：崧燁文化事業有限公司

E-mail：sonbookservice@gmail.com

粉 絲 頁：https://www.facebook.com/sonbookss/

網　　址：https://sonbook.net/

地　　址：台北市中正區重慶南路一段六十一號八樓 815 室

Rm. 815, 8F., No.61, Sec. 1, Chongqing S. Rd., Zhongzheng Dist., Taipei City 100, Taiwan

電　　話：(02)2370-3310

傳　　真：(02)2388-1990

印　　刷：京峯彩色印刷有限公司（京峰數位）

定　　價：650 元

發行日期：2022 年 01 月第一版

◎本書以 POD 印製

國家圖書館出版品預行編目資料

烏龍茶：大紅袍、文山包種、東方美人、木柵鐵觀音 ...... 從栽種到品鑑, 步入齒頰留香的烏龍茶世界 / 李遠華著 . -- 第一版 . -- 臺北市 : 崧燁文化事業有限公司 , 2022.01

面；　公分

POD 版

ISBN 978-986-516-960-2(平裝)

1. 茶葉 2. 製茶 3. 茶藝

434.181 110019596

電子書購買

臉書